LES
PIERRES PRÉCIEUSES

ET LES

PRINCIPAUX ORNEMENTS

PAR

J. RAMBOSSON

LAURÉAT DE L'INSTITUT (ACADÉMIE DES SCIENCES)
ANCIEN PRÉSIDENT DE LA CLASSE DES SCIENCES DE LA SOCIÉTÉ DES ARTS, SCIENCES
ET BELLES-LETTRES DE PARIS

OUVRAGE ILLUSTRÉ

DE 43 PLANCHES DESSINÉES PAR YAN' DARGENT
ET D'UNE PLANCHE CHROMOLITHOGRAPHIQUE

PARIS

LIBRAIRIE DE FIRMIN DIDOT FRÈRES, FILS ET Cᴵᴱ

IMPRIMEURS DE L'INSTITUT, RUE JACOB, 56

1870

Reproduction et traduction réservées.

PRINCIPAUX OUVRAGES DE M. RAMBOSSON.

Histoire et légendes des Plantes utiles et curieuses. 1 vol. gr. in-8° raisin, illustré de 120 gravures. Broché, 6 fr.; cart. tr. dorée, 8 fr.; relié tr. dorée, 10 fr. — Paris, librairie Didot.

Ce volume illustré, qui présente à chaque page l'utile et l'agréable, a sa place marquée dans toutes les bibliothèques des familles. « Ce magnifique volume, écrit M. Franck, de l'Institut, charme à la fois les yeux et l'intelligence et unit la science à la poésie. — C'est un ouvrage que l'on peut louer sans réserve, » dit M. Babinet.

Histoire des Météores et des grands phénomènes de la nature. 1 vol. gr. in-8° raisin, illustré de 90 gravures et de deux planches chromolithographiques. Broché, 6 fr.; cart. tr. dorée, 8 fr.; relié tr. dorée, 10 fr. — Paris, librairie Didot.

Cet ouvrage présente les connaissances les plus variées et les plus généralement utiles. « C'est un beau et bon livre, dit M. Babinet (de l'Institut), qui sera utile non-seulement aux gens du monde mais même aux savants. — C'est un magnifique volume, a dit M. Delaunay (de l'Institut), imprimé avec luxe, orné de superbes gravures, très-bien rédigé. En outre des données les plus récentes de la science, l'auteur a mis à profit les observations personnelles qu'il a faites en parcourant une grande partie de la surface du globe. »

Les Colonies françaises. Géographie, histoire, productions, administration et commerce. 1 vol. in-8° de 652 pages, avec une carte générale et sept cartes particulières. Broché, 7 fr. 50 ; relié en demi-chagrin, 9 fr. 25. Paris, librairie Delagrave.

Cet ouvrage a obtenu une mention honorable de l'Institut (Académie des sciences). M. Bienaymé, de l'Institut, a dit dans son rapport sur ce livre : « Il y avait quelque courage à faire toutes les recherches nécessaires pour offrir un tableau exact de nos colonies, si peu connues, même du public instruit. Géographie, histoire succincte, administration, documents financiers, commerciaux surtout ; culture et productions spéciales, mouvements et importance de la navigation, des pêches, etc., etc., M. Rambosson n'a oublié aucune des faces de son sujet... Il y a pour le lecteur un intérêt réel à parcourir ce Manuel colonial. C'est au reste le premier de ce genre... » (Académie des sciences. Concours de l'année 1868.) « Ce livre est un ouvrage capital, qui ne laisse rien à désirer sur un sujet qui peut lui-même être aussi appelé capital... Nous étions dans l'impossibilité d'être convenablement renseignés sur nos colonies avant la publication de ce livre. » (*Les Mondes scientifiques,* 12 mars 1868, M. l'abbé Moigno.)

Cet ouvrage est adopté par la Commission officielle près le ministère de l'Instruction publique pour toutes les bibliothèques scolaires.

Les Astres, ou Notions d'Astronomie pour tous. — 1 vol. in-18 jésus, 1 fr. 25 c. Paris, librairie Albanel.

Ouvrage adopté par la Commission officielle près le ministère de l'Instruction publique pour toutes les bibliothèques scolaires, et couronné par la Société pour l'enseignement élémentaire.

Le Langage mimique comme langage universel. (*Épuisé.*)

Ouvrage couronné par la *Société des arts, sciences et belles-lettres* et par la *Société des sciences industrielles de Paris.*

La Science populaire, ou Revue du progrès des connaissances et de leurs applications. 7 volumes, ensemble 17 fr.

Ouvrage adopté par la Commission officielle près le ministère de l'Instruction publique pour toutes les bibliothèques scolaires.

LES

PIERRES PRÉCIEUSES

ET LES

PRINCIPAUX ORNEMENTS

Typographie Firmin Didot. — Mesnil (Eure).

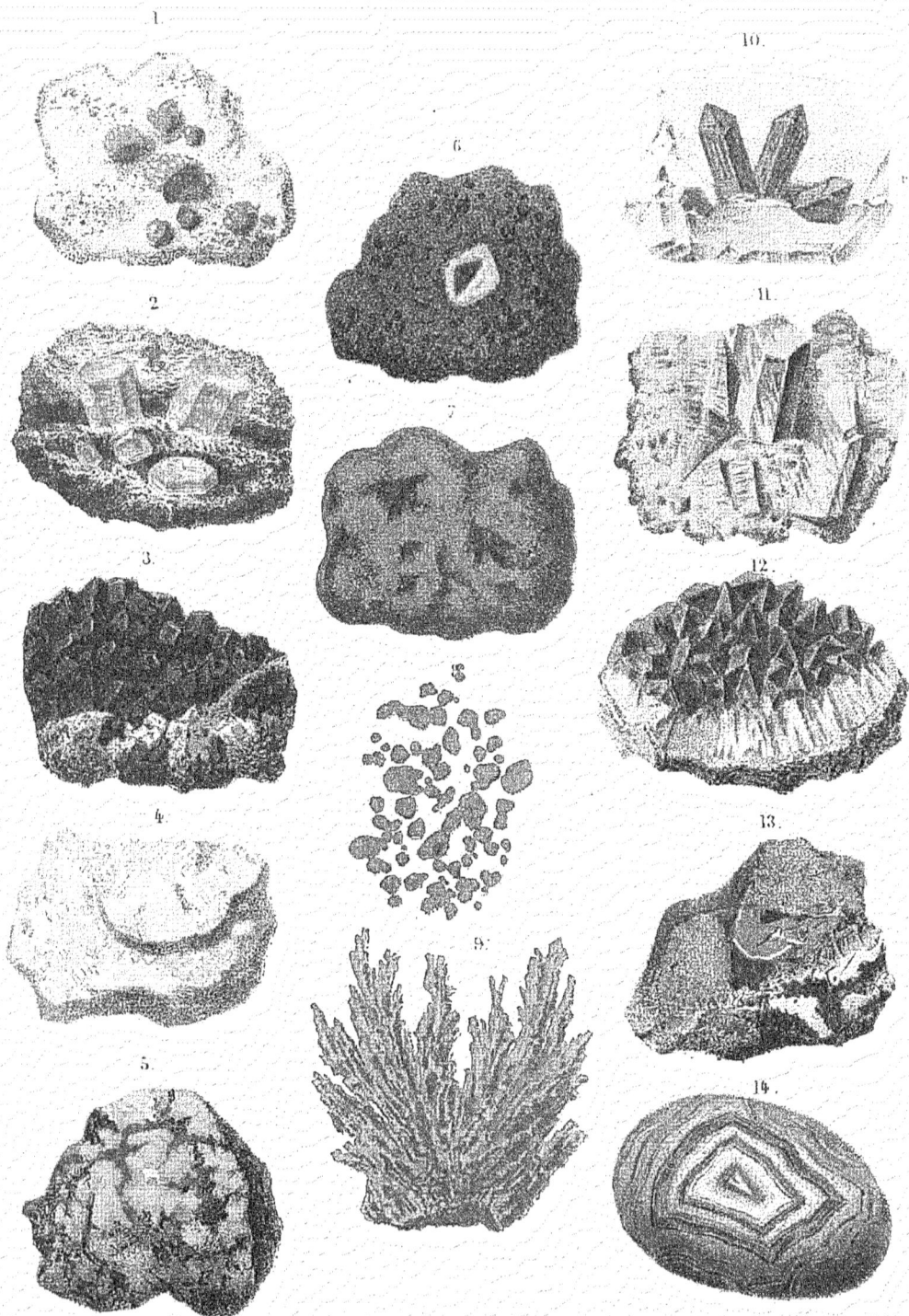

1. *Rubis* — 2. *Émeraude* — 3. *Grenat* — 4. *Lapis-lazuli* — 5. *Turquoise* — 6. *Diamant* —
7. *Or en pépite* — 8. *Or en paillettes* — 9. *Argent filiforme* — 10. *Topaze* — 11. *Saphir* —
12. *Améthyste* — 13. *Opale* — 14. *Agathe*.

Imp. Becquet, Paris

AU LECTEUR.

En 1859, nous avons publié un traité sur les *Substances précieuses*. L'accueil que les lecteurs, et en particulier nos honorables confrères de la presse ont fait à ce petit volume, nous a engagé à le compléter, à le perfectionner, à le refondre presque entièrement, afin de le rendre plus digne de la bienveillance qu'on lui a témoignée.

Cet ouvrage présente les notions les plus curieuses et les plus variées sur la formation des pierres précieuses : le *diamant*, le *rubis*, l'*émeraude*, le *saphir*, la *topaze*, l'*opale*, la *turquoise*, l'*améthiste*, la *tourmaline*, le *grenat*, le *lapis-lazuli*, l'*agate*, etc. Il initie au secret des trésors que nous offre le sein des mers : la *nacre*, la *perle*, le *corail*. Il expose les notions les plus intéressantes et les plus utiles à connaître sur l'*ambre*, le *jais*, l'*ivoire*, l'*or*, l'*argent*, le *platine*, l'*aluminium* (1), et se termine par l'histoire succincte des principaux ornements : le *sceau* et l'*anneau*, la *bague*, le *bracelet*, le *collier*, les *pendants d'oreilles*, la *ceinture*, l'*écharpe*, le *diadème* et les *ornements héraldiques* en quelques pages il donne l'alphabet de cette langue universelle qui permet d'épeler une foule de choses qui se trouvent sur les meubles,

---

(1) Malgré le titre de cet ouvrage nous avons pensé utile de parler de ces matières, afin de faire de ce volume quelque chose de complet à l'usage des gens du monde spécialement, sur les substances précieuses en général.

sur les monuments de plusieurs siècles, et qui éclaire l'histoire dans nombre de ses parties.

Nous devons être particulièrement reconnaissant envers M. Despretz, de l'Institut, qui nous avait permis de suivre ses importantes expériences sur le diamant; à M. Babinet, de l'Institut, notre illustre maître, pour les documents qu'il a bien voulu mettre à notre disposition, ainsi qu'à M. Gaudin, l'ingénieux savant qui est parvenu à imiter avec tant de perfection les gemmes les plus précieuses; à M. Lamiral, un des hommes les plus compétents pour les brillantes productions de la mer; enfin, à MM. Dumas, Henri Sainte-Claire-Deville, Frémy, Pelouze, Ebelmen, Clémandot, etc., pour les emprunts que nous avons pu faire à leurs éminents travaux.

Notre position, qui nous force en quelque sorte d'être au courant de toutes les découvertes, de toutes les nouvelles de la science et de l'industrie, qui nous met en relation avec les inventeurs, nous a permis de puiser aux sources premières et les plus sûres, pour compléter nos observations personnelles.

LES
PIERRES PRÉCIEUSES

ET LES PRINCIPAUX ORNEMENTS

FORMATION DES PIERRES PRÉCIEUSES.

Beauté des pierres précieuses. — Leur langage. — En quoi elles diffèrent des substances communes. — Mystères de la cristallisation. — Loi du beau imposée aux molécules. — Les pierres précieuses chez les anciens. — Les douze pierres de l'éphod. — Pierres des douze mois. — Pierres par ordre de beauté, de rareté et de prix. — Strass, imitation des pierres précieuses. — Les gemmes à la lumière.

I

Les pierres précieuses! On éprouve de l'éblouissement simplement à les nommer, non pour leur valeur matérielle, mais pour la poésie qu'elles inspirent!

Ce sont les fleurs de la minéralogie, épanouies par un travail infini dans les entrailles du globe. Ce sont les étoiles des régions ténébreuses que l'on compare avec raison aux étoiles du ciel : dans les nuits pures et lim-

1

pides, ne sont-ce pas des diamants innombrables qui scintillent à la voûte azurée?

Souvent ces gemmes brillantes sont des reliques de famille, qui conservent condensés dans leur suave rayonnement les derniers souvenirs d'une tendre mère, d'un père chéri, d'une sœur bien aimée. Les larmes viennent facilement aux yeux, en regardant ces bijoux qui nous ont été légués. Ils ont un langage aussi touchant que les accents d'une voix adorée: ils rappellent un passé triste et doux, les fêtes enchanteresses et les jours de deuil; l'histoire des êtres aimés qui ne sont plus et des bonheurs que nous aurions voulu retenir. Ils font souvent éprouver l'émotion que réveillent les modulations plaintives et mélancoliques de l'oiseau solitaire gazouillant dans les noirs cyprès, dont l'ombrage protège la dernière demeure de tout ce qui nous fut cher.

Peu d'études donnent lieu à tant de surprises que celle que nous abordons.

II

Une chose bien propre à étonner, et qui peut paraître incroyable à ceux qui ne sont pas initiés aux curieux phénomènes de la cristallisation, c'est la différence qui se trouve dans les corps composés des mêmes éléments et qui ne diffèrent seulement que par la disposition de leurs molécules, de leurs atomes, c'est-à-dire des plus petites parties qui les constituent.

Il paraît étrange, par exemple, que les plus beaux bijoux, les rivières de diamants, les gemmes les plus précieuses qui ornent la couronne des souverains et rehaussent les plus éclatantes magnificences, ne soient que du charbon, de l'argile, du sable, en un mot, des matières grossières que nous foulons aux pieds lorsque nous marchons dans les voies publiques.

Rien n'est plus vrai cependant ; car la base de toutes les pierres précieuses se trouve dans le carbone ou charbon que tout le monde connaît ; dans l'alumine que la terre glaise nous présente presque pure, et dans la silice qui pave nos rues et sable nos jardins.

Qu'est-ce donc que cette cristallisation, phénomène si curieux qui met entre deux corps composés d'un même élément plus de différence qu'entre des corps composés des éléments les plus opposés ; qui transforme un charbon noir, sale et pulvérulent, en un diamant transparent, d'une dureté et d'un éclat sans pareils, et d'un prix au-dessus de toute comparaison ; une terre grasse et pâteuse en superbes gemmes orientales, et un sable terne et opaque en éblouissantes pierreries ?

III

La cristallisation est un des phénomènes les plus curieux que nous présente la nature. Elle ne peut manquer de frapper l'esprit et de saisir d'admiration ceux qui ne sont pas familiarisés avec les merveilles de l a science.

Voici ce que c'est : lorsque les molécules, les atomes d'un corps, c'est-à-dire les plus petites parties qui le constituent, sont libres, qu'elles ne sont pas liées les unes aux autres, eh bien, elles s'attirent réciproquement, de même que les grands astres qui roulent sur nos têtes, et s'unissent non pas pour faire une agglomération confuse, une masse informe, mais, chose surprenante! elles s'attirent comme si elles avaient de l'intelligence, elles choisissent pour ainsi dire leur place pour former naturellement un corps régulier et symétrique : un cube, un prisme, etc., etc. Ces parties infiniment petites sont donc soumises aux lois du beau; elles y obéissent toujours lorsque rien n'y fait obstacle.

Les cristaux peuvent être transparents, translucides ou opaques et présenter toutes les couleurs connues.

Les formes cristallines sont très-nombreuses, mais il existe des faits généraux qui en rendent l'étude assez simple, et qui rattachent entre elles par des rapports essentiels un grand nombre de formes en apparence bien différentes, mais qui au fond ne sont que des modifications plus ou moins profondes les unes des autres.

Linné paraît avoir le premier compris l'importance de l'étude des cristaux pour la connaissance des minéraux. Romé de Lisle publia, en 1772, le premier traité de cristallographie; mais il ne vit dans les cristaux que des corps isolés.

Ce fut Haüy qui eut la gloire de découvrir la *loi de symétrie* à laquelle sont subordonnées toutes les formes cristallines; il avait reconnu à Paris, en 1781, presque en même temps que Bergmann à Berlin, qu'un certain nombre de minéraux ont la propriété de se casser suivant des lames dont le sens est constant pour chaque

Fig. 1. — Fleurs de la glace d'après M. Tyndall.

substance, c'est-à-dire de se *cliver*. Cette découverte est devenue la base de la minéralogie géométrique.

Haüy fit de la cristallographie une science rigoureuse, et c'est à dater de ses travaux sur ce sujet que l'on classe les formes cristallines en six groupes, dont chacun est caractérisé par son système d'axes. On appelle ainsi certaines lignes idéales que l'esprit doit concevoir comme passant dans l'intérieur du cristal, et par rapport auxquelles tous les éléments, faces, arêtes, sommets, sont disposés symétriquement. Il en résulte que dans un même système tous les cristaux ayant les mêmes axes présentent une même symétrie, une physionomie commune qui constitue le caractère propre au groupe.

IV

La masse d'un corps peut être réduite en molécules capables de cristalliser par trois procédés : la *dissolution*, la *fusion*, la *volatilisation*.

Ainsi, que l'on fasse dissoudre, fondre ou volatiliser un corps et qu'on le laisse ensuite redevenir solide lentement, tranquillement, les molécules de ce corps se cristalliseront, c'est-à-dire qu'elles formeront naturellement un corps régulier et symétrique.

Si l'on fait dissoudre un corps dans un liquide, puis évaporer convenablement la dissolution, et qu'on l'abandonne ensuite à elle-même, bientôt on apercevra les cristaux se déposer au fond et sur les parois du vase et présenter des facettes d'un poli et d'un brillant si remarquables, qu'on les dirait travaillées par la main du lapidaire. C'est ainsi que l'on obtient le sucre candi, l'alun, etc.

Au lieu de faire dissoudre un corps, faisons-le fondre dans un creuset, abandonnons-le ensuite à un refroidissement lent et tranquille, et au moment où la surface supérieure commencera à se solidifier perçons la croûte qui se forme, renversons le creuset sens dessus dessous pour en faire sortir les parties intérieures qui sont encore liquides, alors nous aurons de même de magnifiques cristaux. En traitant le soufre de cette manière, on verra les parois du creuset tapissées d'une multitude d'aiguilles dorées qui ne seront que du soufre cristallisé.

On peut encore obtenir la cristallisation d'un corps en le réduisant en vapeur dans un vase, où cette vapeur puisse revenir à l'état solide par un refroidissement suffisant. En volatilisant de l'indigo dans un creuset couvert, on obtiendra à la partie supérieure du creuset des cristaux sous forme d'aiguilles, d'un bleu magnifique.

Comme la force qui soumet ces molécules aux lois de la symétrie n'est pas très-grande, il est évident que si elle est contrariée par un froid trop subit, par un mouvement étranger, en un mot par une cause quelconque, la cristallisation n'aura pas lieu, ou sera confuse, incomplète.

La glace et ces belles arborisations que l'on admire quelquefois pendant l'hiver sur les vitraux des fenêtres ne sont autre chose que de l'eau cristallisée (fig. 2 à 8).

M. Tyndall a étudié les figures produites par l'arrangement cristallin des atomes de la glace. Elles forment des étoiles toutes de six rayons, et ressemblent chacune à une fleur à six pétales (fig. 1).

Les atomes de neige s'arrangent de même, de façon à former les figures les plus exquises et sur le même type que celles de la glace, c'est-à-dire des étoiles hexagonales.

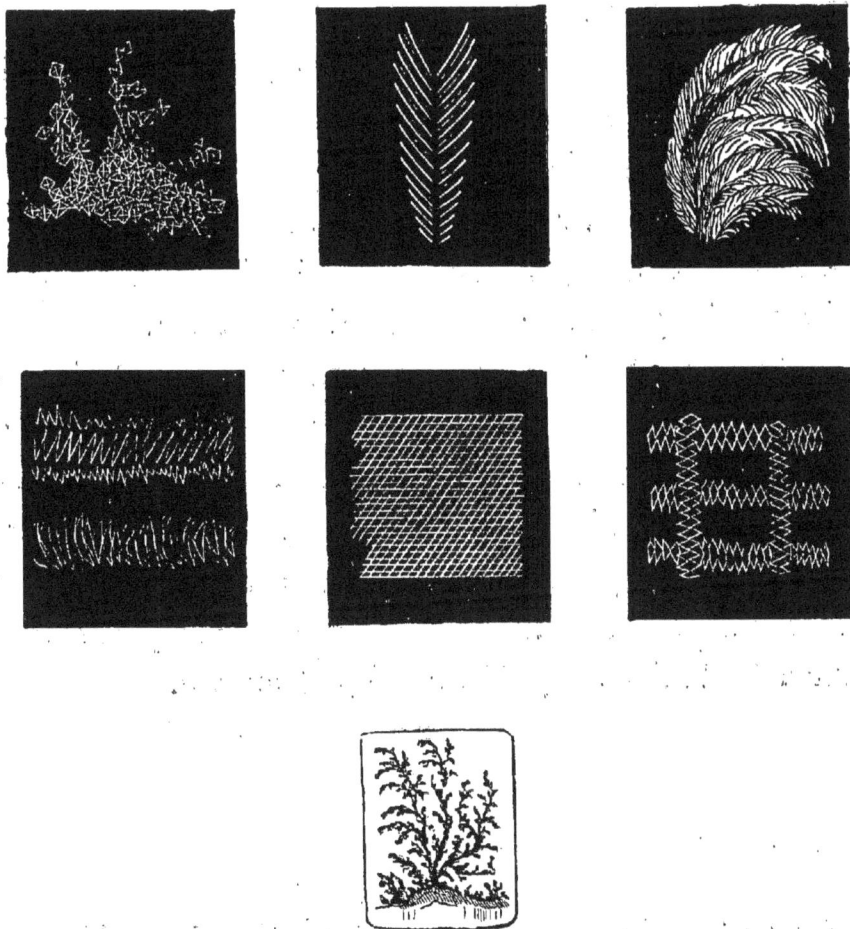

Fig. 2 à 8. — Dendrites et arborisations diverses formées par de petits cristaux.

D'un noyau central rayonnent six aiguilles formant deux à deux des angles de 60 degrés ; de ces aiguilles centrales sortent à droite et à gauche d'autres aiguilles, plus petites, traçant à leur tour avec une fidélité parfaite leur angle de 60 degrés ; sur cette seconde série d'aiguillettes, d'autres, encore plus petites, s'embranchent de nouveau toujours sous le même angle de 60 degrés. Ces fleurs de neige à six pétales, plus délicates que la plus fine gaze, prennent les formes les plus variées et les plus merveilleuse (fig. 9).

La plupart des solides qui composent la croûte minérale de la terre se rencontrent à l'état cristallin. Les grandes masses de granit, quoique paraissant d'une structure confuse, sans forme régulière, n'en sont pas moins construites par une agglomération fusionnée de cristaux de quartz, de feldspath, de mica, etc.

Pythagore et Platon avaient sans aucun doute la notion des formes cristallographiques lorsque, dans leurs écoles, ils énonçaient ce bel axiome, que la nature se livre à des opérations géométriques dans les profondeurs de la terre, et que Dieu géométrise sans cesse. C'est le commentaire de l'Écriture qui nous enseigne que le Créateur a tout fait avec *poids*, *nombre et mesure*.

V

On voit quelle étonnante transformation fait subir aux produits de la nature l'imperceptible disposition de leurs éléments.

Les anciens aimaient beaucoup les pierres de couleur, mais il ne paraît pas qu'ils fissent grand cas du diamant, n'ayant point encore trouvé le secret de le tailler selon les règles de la science.

Voici les douze pierres précieuses que l'on estimait le

Fig. 9. — Fleurs de la neige.

plus, et que le grand prêtre des Juifs portait sur le *Rational* de son éphod, et sur lesquelles étaient gravés les noms des douze fils de Jacob :

Sardoine.	Rubis.
Cornaline ou limure.	Chrysolithe.
Topaze.	Jaspe.
Améthyste.	Agate-Chalcédoine.
Émeraude.	Saphir.
Agate-Onyx.	Beryl.

Il y a environ deux cents ans que les Allemands ont formé, sur le modèle des douze pierres de l'éphod, une suite de douze pierres qui correspond aux douze mois de l'année. Cet arrangement n'était sans doute qu'une pure imagination; cependant bien des gens, et surtout les femmes, y mettaient de l'importance et du mystère, et voulaient avoir à leur doigt la pierre du mois où ils étaient nés, avec le signe de ce mois gravé dessus.

Voici l'ordre de cette suite de pierres :

Janvier.	Le Verseur d'eau.	Jacinthe ou Grenat.
Février.	Les Poissons.	Améthyste.
Mars.	Le Bélier.	Jaspe sanguin.
Avril.	Le Taureau.	Saphir.
Mai.	Les Gémeaux.	Émeraude.
Juin.	L'Écrevisse.	Agate-Onyx.
Juillet.	Le Lion.	Cornaline.
Août.	La Vierge.	Sardoine.
Septembre.	La Balance.	Chrysolithe.
Octobre.	Le Scorpion.	Aigue marine.
Novembre.	Le Sagittaire.	Topaze.
Décembre.	Le Capricorne.	Turquoise.

Il est à remarquer qu'il est très-difficile de fixer le

plus ou moins de valeur des différentes espèces de pierres précieuses; il se mesure sur la grosseur, sur l'éclat, le poli, etc. qu'elles présentent; et celle que le vulgaire serait porté à placer dans un rang inférieur aura pour le connaisseur quelquefois un prix inestimable. C'est ainsi que certains rubis sont estimés d'un plus haut prix que les plus beaux diamants du même poids.

Cependant, voici les principales gemmes, rangées par ordre de beauté, de rareté et de prix qu'on leur attribue généralement :

Diamant.	Turquoise.
Rubis.	Améthyste.
Émeraude.	Grenat.
Saphir.	Aigue marine.
Topaze.	Agate.
Opale.	

Il y a beaucoup de vague dans la classification des gemmes et des substances précieuses en général; et les classifications les plus rigoureuses peuvent changer suivant les temps, les lieux, les goûts et la mode, et d'ailleurs une pierre placée au troisième, quatrième ou cinquième rang peut dépasser le prix de celle du premier ou du deuxième, si elle se trouve dans des conditions de beauté ou de grandeur hors ligne.

VI

L'art d'imiter les pierres précieuses est parvenu à un

point de perfection tellement remarquable, que l'œil le plus perspicace et le plus exercé peut s'y tromper.

Strass, joaillier allemand du dernier siècle, possédant quelques connaissances chimiques, imagina d'appliquer à l'imitation des pierres précieuses les procédés en usage alors pour la fabrication du verre. Il arriva à de très-beaux résultats, et on donna son nom au produit qu'il obtint pour l'imitation des gemmes.

Ainsi, on appelle généralement *strass* le verre qui imite les pierres précieuses.

Les éléments qui le composent peuvent varier de qualité et de quantité, cependant il est principalement formé de silicate de potasse et de silicate de plomb colorés par différents oxydes. Il s'obtient avec du sable blanc, de la potasse, du minium, un peu de borax et d'acide arsénieux.

On imite le diamant avec du strass incolore et un peu d'oxyde de chrome; le saphir avec du strass coloré par de l'oxyde de cobalt; la topaze avec du strass, du verre d'antimoine et de l'oxyde d'or, ou pourpre de Cassius; l'améthiste avec du strass coloré par de l'oxyde de manganèse et du pourpre de Cassius; le grenat avec du strass, du verre d'antimoine, du pourpre de Cassius et de l'oxyde de manganèse; etc., etc.

Les procédés pour l'imitation des pierres précieuses avec du verre coloré sont fort anciens. Pline en parle comme d'un art très-lucratif, porté de son temps à un haut degré de perfection; les alchimistes du moyen âge s'en occupèrent, et depuis 1819 on fabrique à Paris des strass si beaux, qu'il faut une grande habitude pour le distinguer des pierres véritables.

VII

Dans la pratique on désigne, sans beaucoup de raison, sous le nom de *pierres orientales* les gemmes de premier ordre, les pierres supérieures en beauté, quel que soit le lieu de leur origine; et les gemmes de second ordre sous le nom de *pierres occidentales*.

Il est évident que l'Orient ne produit pas exclusivement les premières et l'Occident les dernières : les gemmes supérieures comme les inférieures sont disséminées. Cependant, soit disposition naturelle du climat, soit toute autre cause, la patrie spéciale des pierres précieuses jusqu'à ce jour est sans contredit l'Orient.

Les deux qualités suprêmes des gemmes sont la couleur et la dureté; la première unie à la seconde constitue les pierres supérieures ou orientales, et la première seule les pierres inférieures ou occidentales. Ainsi une pierre précieuse quelconque peut être désignée avec l'épithète d'*orientale* ou d'*occidentale*, suivant qu'elle possède ou non ces deux qualités; il y a des émeraudes orientales et des émeraudes occidentales; des topazes orientales et des topazes occidentales; etc. On le voit, ces dénominations ne sont pas très-rigoureuses.

En général, les joailliers et les négociants en pierreries apprécient les gemmes d'après leurs couleurs. Cependant, deux pierres peuvent présenter une teinte identique, et n'être pas de la même nature. Le plus habile peut être embarrassé pour savoir sûrement à quoi s'en

tenir et même se tromper dans son évaluation. On a recours dans les cas douteux à l'étude des autres phénomènes, tels que la pesanteur spécifique, la réfraction et
la dureté.

Le meilleur caractère que l'on puisse employer pour
distinguer les pierres fines les unes des autres, et éviter
ainsi les fraudes et les erreurs qui ne sont que trop fréquentes, est celui de la densité. Il suffit de les peser alternativement dans l'air et dans l'eau et de tenir compte de
la perte de poids qu'elles éprouvent dans cette seconde
pesée; il existe même des tables fort commodes pour les
joailliers, qui donnent les poids comparatifs de chaque
espèce de pierres depuis un gramme jusqu'à cent.

VIII

Rien n'est comparable au rayonnement limpide et
onctueux de ces gemmes orientales, ruisselant dans l'espace comme du feu liquide.

C'est surtout en leur imprimant un mouvement de
rotation aux douces lumières des salons qu'elles resplen-
dissent de tout leur éclat.

Le monde parisien a pu admirer des phénomènes
de ce genre chez le savant Lardner. Dans une de
ces soirées où toutes les merveilles de la science
étaient exposées aux regards éblouis, nous avons vu,
grâce à l'obligeance du duc de Brunswick, qui possède une collection des plus rares et des plus précieuses en ce genre, et à l'illustre savant M. Babinet,

de l'Institut, l'inventeur de l'optique minéralogique, tout
ce que la lumière, se jouant dans les gemmes, peut
produire de plus radieux et de plus étonnant.

Nous avons également assisté à une soirée analogue
à Londres, chez le général Sabine, président de la Société royale des sciences, où toute l'aristocratie anglaise
était réunie. Les savants les plus illustres : les Tyndall,
les Frankland, les Godwin, les Berkeley, les Richard,
apportaient leur concours dans l'exposition en miniature
des phénomènes les plus curieux et les plus grandioses
de la nature et des progrès les plus récents de la science.
Nous faisons des vœux pour que ceux que la fortune favorise suivent ces exemples, qui donneraient tant d'attraits à leurs soirées, et qui seraient en même temps si
propices à la vulgarisation des sciences dans les hautes
régions de la société.

Fig. 10. — La Gorgone. Gemme florentine.

LE DIAMANT.

I

Le plus splendide produit de la nature minérale est
sans comparaison le *diamant*.

Cette ravissante cristallisation ne donne pas l'éblouissement léger et superficiel du verre ; son éclat est concentré et comme voilé, malgré son intensité : éclat mat,
plein de douceur et de suavité.

On dirait que les jets de lumière qui s'en échappent
arrivent d'une source profonde et insondable. Ses feux

jaillissants sont comme recueillis dans leur essor : ils s'é-
panchent parce qu'ils ne peuvent plus être contenus.

Dans la radieuse lumière de cette gemme ruissellent
toutes les teintes qui parent l'aurore. C'est l'astre du jour
réduit aux proportions du chaton d'une bague ou d'une
aigrette de couronne, se jouant dans les splendeurs de
l'arc-en-ciel.

Dans sa formation, dans sa beauté, dans sa rareté et
dans sa valeur, le diamant est le plus parfait symbole des
œuvres du génie.

Précisons les phénomènes qui le caractérisent au point
de vue scientifique.

Le *diamant*, du grec *adamas*, *indomptable*, est du charbon pur cristallisé ; c'est le plus pur, le plus simple, le
plus brillant et le plus précieux des minéraux. Ordinairement, il est sans couleur ; quelquefois cependant, il
présente des teintes roses, jaunes, bleues, vertes, brunes
ou noires, plus ou moins belles.

Il est le plus souvent transparent, et quelquefois complétement opaque, quoique jouissant d'un éclat extraordinaire.

Son éclat a quelque chose de gras et d'onctueux à l'œil ;
il n'est égalé par celui d'aucune autre pierre précieuse ;
il en est si distinct qu'il a fallu créer un mot pour le désigner : celui d'*éclat adamantin*. Il a quelque analogie
avec l'aspect adouci de l'acier poli.

C'est le plus dur de tous les corps : les minéraux les
plus denses, les roches les plus réfractaires, l'acier le
mieux trempé, en un mot, les corps les plus durs, subis-
sent tous la puissance du diamant. Il ne peut être usé que

par lui-même; il raye et sillonne toutes les autres substances très-promptement.

Ce qui ne l'empêche pas cependant de se pulvériser, de se casser assez facilement, surtout lorsque l'on
agit dans le sens de ses lames, c'est-à-dire de son clivage.

Il peut paraître extraordinaire qu'on puisse casser,
pulvériser ainsi le diamant, mais on sait que la dureté
dans un corps n'exige pas que ses fragments soient aussi
bien unis que ses dernières molécules. Ainsi le verre, qui
est très-dur, car il peut rayer presque tous les métaux
sans être rayé par aucun, se brise cependant avec facilité.

II

Une question se présente naturellement ici.

Puisque le diamant n'est que du charbon pur cristallisé, et qu'il est si facile de faire cristalliser les corps
et d'imiter ainsi la nature, pourquoi ne fait-on pas des
diamants à volonté? Il y a tant de charbon !

On ne fait pas de diamants à volonté, parce que l'on
n'a jamais pu fondre ou dissoudre le charbon, ou le volatiliser dans un creuset d'une manière satisfaisante, opération préparatoire et nécessaire; cependant la science
n'a pas dit son dernier mot. Il y a quelques années, nous
avons pu suivre les expériences d'un de nos physiciens
les plus distingués, de M. Despretz, de l'Institut. Il a
prétendu produire par l'arc d'induction, et par de faibles

courants galvaniques, après trois mois d'une action lente et continue, du carbone cristallisé *en octaèdres noirs, en octaèdres incolores translucides, en lames incolores et translucides*, dont l'ensemble a la *dureté* de la poudre de diamant, et qui disparaît dans la combustion sans *résidu* sensible.

M. Gaudin, qui imite avec une perfection des plus rares presque toutes les pierres précieuses, a étudié avec grand soin l'action de ces produits sur les pierres dures et particulièrement sur les rubis; il écrivait à M. Despretz :

« Dès que j'ai été en possession du petit fil de platine, long d'un centimètre, mis de côté par vous, comme chargé d'un grand nombre de cristaux microscopiques de forme octaédrique, j'ai ratissé ce fil avec le plus grand soin, sur le milieu de mon plan en cristal de roche, après avoir dépoli sur ce même plan avec de l'alumine à l'eau trois rubis fixés avec la gomme laque, et avoir bien nettoyé le plan, une quantité imperceptible d'huile ayant été ajoutée à la poudre, j'ai reconnu aussitôt un travail franc, tout à fait semblable à celui de la poudre de diamant très-fine.

« Au bout de quelques minutes, le damassé des rubis avait disparu, toutes les saillies avaient été nivelées; les rubis présentaient, en un mot, une surface parfaitement plane et brillante, telle que je ne l'ai jamais obtenue qu'avec de la poudre de diamant. »

Les produits obtenus par M. Despretz, et examinés par M. Gaudin, ont été regardés par plusieurs savants comme étant des diamants microscopiques.

Le patient et ingénieux expérimentateur est parvenu

à fondre et à volatiliser par le feu électrique toutes les pierres précieuses, tous les minéraux.

Par une puissante pile (600 éléments de Bunsen), il a volatilisé brusquement du charbon de sucre pur; revenu à l'état solide, ce charbon volatilisé brusquement est resté tendre et friable.

Ce même charbon de sucre pris en poudre, et à l'aide du feu électrique rassemblé en globules et fondu, n'a pas plus de dureté que le graphite, lorsqu'il est revenu à l'état solide.

Depuis les expériences de l'illustre physicien, ces phénomènes ont souvent été reproduits à la Sorbonne, soit au cours de physique, soit au cours de chimie (chaque expérience revient au moins à 400 francs).

Il faut donc une dissolution, une fusion ou une volatilisation lente, pour faire du diamant ou de la poussière de diamant.

Il ne serait pas impossible que dans un temps peu éloigné la science n'arrivât à découvrir quelque procédé pour la cristallisation en grand du charbon. Alors nous pourrions voir fonctionner des manufactures de diamant, comme nous voyons aujourd'hui des manufactures de glaces, de porcelaine, etc.

III

M. de Chancourtois, dans une communication à l'Académie des sciences, qui nous a paru très-judicieuse, assimile la formation du diamant à la formation du soufre cristallisé des solfatares. D'après lui, *le diamant dérive des émanations hydrocarburées, comme le soufre dérive des émanations hydrosulfurées.*

Lorsque l'hydrogène sulfuré arrive par les fissures ou à travers les tufs spongieux des solfatares au contact de l'air atmosphérique, ou de l'air dissous dans les eaux superficielles, l'oxygène se combine avec l'hydrogène, une partie du soufre devient libre et se cristallise. Le carbone du diamant serait isolé d'une manière analogue d'un hydrogène carboné; l'oxygène se combinant avec l'hydrogène laisserait une partie du carbone libre et dans des conditions favorables à la cristallisation, d'où résulterait le diamant.

D'après cette théorie, le diamant ne pourrait se former que là où les fissures de l'écorce terrestre laissent passer seulement de l'hydrogène en vapeur, et même très-lentement, puisque la lenteur est une des conditions nécessaires des belles cristallisations dont le diamant fournit le prototype.

IV

Il est très-naturel de demander comment on a pu s'assurer que le diamant n'est que du charbon pur, et que la différence de ces deux corps n'existe que dans la disposition des molécules.

C'est Newton qui, le premier, entrevit la nature du diamant. Ayant observé que les corps les plus combustibles sont ceux qui réfractent le plus la lumière, et que

Fig. 11. — Exploitation d'une mine de diamants.

sous ce rapport le pouvoir du diamant est des plus considérables, il en conclut qu'il devait aussi être un des plus combustibles :

Et pour comble d'honneur, ce Newton qui des mondes
Dirigea dans les cieux les sphères vagabondes,
Jetant un coup d'œil sûr dans l'avenir lointain,
Devina son essence et prédit son destin.

Ce que le génie de Newton avait deviné par les lois de la réfraction, l'expérience ne tarda pas à le confirmer.

Vers la fin du dix-septième siècle, la combustibilité du diamant fut opérée pour la première fois à Florence, en le soumettant au foyer d'une forte lentille. Elle fut renouvelée en soumettant ce corps à un feu violent et longtemps soutenu; on le vit alors brûler sans résidu, avec une légère flamme formant autour de lui comme une espèce d'auréole.

La combustibilité du diamant était démontrée, mais sa composition restait à déterminer.

V

Bientôt les expériences de Lavoisier firent disparaître toute indécision. En brûlant du diamant sous une cloche ne renfermant que de l'oxygène, il obtint un produit identique à celui de la combustion du charbon pur, c'est-à-dire de l'acide carbonique.

A l'École polytechnique, en 1800, Clouet, Welter et Hachette confirmèrent les expériences de Lavoisier par un autre procédé. Ayant enfermé un diamant dans l'intérieur d'une petite masse de fer très-pur, et ayant soumis les deux corps à un feu convenable, avec les précautions voulues, ils obtinrent un culot d'acier fondu dans la formation duquel le diamant avait tenu lieu de charbon.

De nombreuses expériences achevèrent de prouver d'une manière irréfragable que le diamant est du carbone ou du charbon pur.

L'inflammation du diamant a lieu spontanément à 2750 et 28000° Fahrenheit; sa vive combustion, qui est en raison de sa coloration, dure dans la proportion de sa grosseur. M. Barbot (1), un des spécialistes les plus compétents sur ce sujet, et qui a fait nombre d'expériences, a observé que le diamant près de brûler ne prend aucune fluidité : il est plein, solide, mais dilaté, comme boursouflé, il paraît beaucoup plus gros qu'il ne l'est réellement. Soudain il s'enflamme partout à la fois; la flamme l'enveloppe en entier d'une auréole vive et blanche. Il brûle à la manière du liége; c'est-à-dire que la flamme n'est qu'extérieure, mais embrassant toute son étendue, de sorte que l'on pourrait le réduire à sa plus simple expression sans qu'il perdît rien de sa forme primitive. Les moindres accidents de cristallisation, les cavités, les déviations de forme, les stries, etc., tout se conserve

---

(1) M. Barbot était un de nos diamantaires des plus habiles et des plus modestes : nous suivions avec un vif intérêt ses travaux, ses projets et ses espérances. Nous étions heureux de l'encourager autant qu'il était en notre pouvoir; mais comme tant d'autres, il est mort à la peine, et emportant avec lui, je le crois du moins, quelques précieuses découvertes dont il n'a pas eu le temps de tirer parti, entre autres celle de décolorer le diamant. Il a publié un remarquable ouvrage que nous citerons quelquefois : *Le Guide du joaillier*.

exactement ; sa flamme prend plus de vivacité et d'extension en de certains moments, sans cause apparente.

Dans l'antiquité, on ne croyait pas que le diamant fût combustible. Pline prétendait, suivant l'opinion de son temps, que le diamant ne pouvait pas même être chauffé par le feu le plus ardent. C'est sans doute pour faire allusion à cette propriété aussi bien qu'à sa dureté qu'on lui avait donné le nom d'*adamas*, qui veut dire indomptable.

VI

Avant 1456, l'art de tailler le diamant n'était qu'imparfaitement connu. C'est à la taille cependant qu'il doit sa plus grande beauté et ses plus brillants jeux de lumière :

> Et de sa croûte épaisse enlevant les débris,
> L'art en le polissant en rehausse le prix.
> Les rois, les potentats, ainsi que la victoire,
> D'un diamant fameux se disputent la gloire ;
> Son éclat de leur trône accroît la majesté ;
> Il pare la grandeur, il orne la beauté.

La surface du diamant brut est souvent inégale et parfois raboteuse ; ses faces naturelles couvertes de stries bien accusées, ont leurs plans un peu convexes, et elles sont généralement voilées d'une espèce de dépoli qui semble indiquer l'action chimique et ignée de sa formation.

On rattache à tort, fait remarquer avec raison M. Barbot, l'origine de l'art de tailler le diamant à l'an 1456. Voici le récit un peu légendaire que font la plupart des auteurs :

Un jeune homme de Bruges, Louis de Berquem, sortant à peine des classes et n'étant nullement initié au travail de la pierrerie, remarqua par hasard que deux diamants, frottés fortement l'un contre l'autre, finissaient par s'user et former une poussière fine, que l'on nomme *égrisée*. Il prit deux de ces gemmes, les monta sur du ciment, les égrisa l'une contre l'autre, et ramassa soigueusement la poudre qui en provint.

Par le moyen de cette poudre et de certaines roues de fer qu'il inventa, il parvint à tailler et à polir parfaitement les diamants.

Voilà la légende, et voici l'histoire :

VII

L'invention d'user le diamant par lui-même se perd dans la nuit des temps, et ne peut être attribuée à personne. Les Romains, en employant cette gemme pour la gravure des pierres fines, semblent avoir connu la propriété qu'elle a de s'user elle-même, mais ils ignoraient les divisions mathématiques des facettes, qui augmentent si prodigieusement sa beauté. Dans les premiers temps, la taille du diamant se faisait donc d'une manière arbitraire, elle ne reposait pas sur les principes de la science, qui permettent de tirer tout le parti possible de cette gemme sans égale ; on la taillait à quatre pointes, en tables, à faces bien dressées, à tranches taillées en biseaux à pans et à facettes irrégulièrement disposées.

L'inventaire des joyaux de Louis duc d'Anjou, dressé de 1360 à 1368, nous fait voir que le diamant était déjà apprécié, et qu'il entrait dans l'ornementation des parures princières pour une large part; sa taille était bien imparfaite, mais enfin il était taillé.

Ainsi, il est fait mention d'un reliquaire dans lequel est un diamant *taillé en écusson;* de deux petits diamants plats à deux côtés faits *à trois carrés;* sur le fruit d'une salière est un petit diamant plat, arrondi en *façon de miroir;* un diamant pointu *à quatre faces;* un diamant à *façon de losange;* puis un à trois faces, un en cœur, un à huit côtés, etc. Les diamants épais que l'on rencontre parfois dans de vieux joyaux d'église sont taillés dessus en table et à quatre biseaux, et dessous en prisme quadrangulaire ou pyramidal formant culasse.

Ces tailles imparfaites ne favorisaient nullement le jeu de la lumière; aussi à cette époque le diamant était-il encore moins estimé que les pierres de couleur. Cependant, bien que toujours dans l'enfance, l'art de la taille de cette gemme avait une certaine importance; il était pratiqué, surtout à Paris, dès le commencement du quinzième siècle. On en trouve la trace dans les nomenclatures des arts et métiers; et l'on cite un carrefour de Paris, nommé la Courarie, où s'étaient, suivant la coutume de l'époque, agglomérés les tailleurs de diamants.

Vers 1407, et probablement plusieurs années avant cette époque, la taille du diamant avait fait de notables progrès sous la pratique d'un habile ouvrier nommé

Herman. Dans le splendide repas donné au Louvre en 1403, par le duc de Bourgogne au roi et à la cour de France, les nobles convives reçurent parmi les présents du glorieux amphitryon, onze diamants estimés 786 écus d'or de l'époque. Ces diamants devaient être taillés avec assez de soin, quoique imparfaitement.

Ce ne fut qu'après un assez long séjour à Paris, et de retour dans sa patrie, que Louis de Berquem imagina la taille actuelle. Elle produisit une telle révolution que tous ses contemporains le regardèrent comme l'inventeur de la taille du diamant. Il fit ses premiers essais de taille perfectionnée en 1475, sur trois diamants bruts et d'une dimension hors ligne, qui lui avaient été confiés par Charles le Téméraire, duc de Bourgogne, dont la magnificence était sans bornes.

Le premier était une pierre épaisse, que l'on couvrit de facettes et qui fut depuis *le Sancy ;* le duc le portait encore lorsqu'il le perdit à la défaite de Morat. Le second, pierre étendue, fut taillé en brillant et offert au pape Sixte IV, et le troisième, pierre difforme, fut taillé en triangle, monté sur une bague figurant deux mains, comme symbole d'alliance et de bonne foi ; il fut donné à Louis XI, qui devait trouver importun ce simple et muet langage. Louis de Berquem reçut trois mille ducats pour ces travaux, munificence extraordinaire pour cette époque.

VIII

Les premiers ateliers de Berquem fonctionnèrent à

Fig. 12. — Le lavage du cascalho.

Bruges, sa patrie, où il forma des élèves qui allèrent s'établir principalement à Anvers, à Amsterdam et à Paris. Cet art fut près de deux siècles à végéter. Mazarin lui donna une nouvelle impulsion; il confia aux diamantaires de Paris les douze plus gros diamants de la couronne de France pour être retaillés. Ils devinrent ce que l'on vit de mieux alors, et on les appela les *douze Mazarins*. L'inventaire de la couronne ne fait mention que d'un, au n° 349, sous la dénomination du *dixième Mazarin*; beau brillant, forme carrée arrondie, pesant 16 carats. Depuis cette époque la taille du diamant n'a cessé de se perfectionner, mais les diamantaires se sont peu enrichis. Celui qui a trouvé le moyen de percer les *brillolettes* (diamant en forme de poire) est mort de faim et de misère, il n'y a pas quarante ans, dans un galetas de la rue du Harlay, emportant son secret avec lui.

Depuis Berquem, on taille le diamant au moyen d'une plate-forme horizontale en acier, que l'on fait tourner rapidement; cette plate-forme est couverte d'égrisée délayée dans de l'huile. On appuie contre elle la partie du diamant que l'on veut tailler, jusqu'à ce qu'elle soit suffisamment usée.

Dans les grands ateliers destinés à la taille des diamants, les ouvriers sont assis le long des murs, et devant chacun d'eux une plaque de métal circulaire tourne avec une grande vitesse dans une direction horizontale; un levier, dont l'extrémité est enduite d'un amalgame au milieu duquel le diamant est enclavé, retient la pierre contre la meule.

L'amalgame est d'abord mis dans un petit poële

chauffé, et quand il est lisse, on y insère le diamant, qui ne laisse en dehors que le point destiné à la taille. L'ouvrier prend ensuite dans une boîte une petite pincée de poudre fine qu'il place sur la meule, en y mêlant quelques gouttes d'huile.

Amsterdam est une des villes les plus renommées pour la taille des diamants. Sur une population juive de 28,000 âmes, 10,000 se livrent exclusivement à cette industrie. La Compagnie générale des Diamantaires possède plusieurs machines d'une force de cent chevaux, mettant en mouvement 450 meules; elle occupe plus de 1,000 ouvriers.

A l'Exposition universelle de 1867 on a pu visiter un spécimen de taillerie de diamants, fort curieux, situé dans le parc, section hollandaise. On y voyait fonctionner des meules mues par une machine à vapeur et faisant près de 2,500 tours à la minute. L'atelier renfermait de quoi attirer l'attention du simple curieux aussi bien que celle du savant, car M. Coster avait eu l'heureuse idée d'exposer avec méthode tout ce qui peut donner une idée des opérations qui transforment un diamant brut et sans éclat en un diamant achevé, éblouissant.

De nombreux visiteurs ont également examiné avec intérêt le petit atelier installé à la classe 95, par M. Bernard, qui depuis une dizaine d'années cherche à faire renaître en France la taillerie des diamants, de nouveau monopolisée par la Hollande.

On a pu ainsi suivre facilement les opérations que l'on fait subir au diamant brut, pour le rendre propre à entrer dans la composition des bijoux ; opérations qui sont au nombre de trois : la fente ou clivage, l'égrisage ou taille, et enfin le polissage.

IX

On n'emploie que deux sortes de tailles pour les diamants : la *taille en rose*, dont on ne se sert que pour les diamants de peu d'épaisseur, et la *taille en brillant*, qui est la plus recherchée.

La taille en rose présente à son sommet une pyramide à facettes triangulaires, et une large base plate destinée à être cachée dans la monture.

Les diamants taillés en brillant ont à la partie supérieure une face ou *table* assez large, entourée de facettes triangulaires nommées *dentelles*, et de facettes en losange. La partie inférieure se termine par une sorte de pyramide garnie aussi de facettes ou *pavillons* destinés à réfléchir la lumière qui a traversé la pierre, et cette pyramide est tronquée par une autre petite table ou culasse.

Les brillants sont toujours montés à jour.

Lorsqu'un diamant brut offre une forme en poire un peu accusée, on le couvre de facettes partout ; il se nomme alors *brillolette*.

La taille en brillant est beaucoup plus estimée que l'autre, parce que le diamant étant taillé sur tous ses côtés, suivant des facettes mieux disposées pour réfracter la lumière, brille d'un plus grand éclat.

Tandis qu'un diamant en rose de 1 carat coûte 80 francs et quelquefois 125 francs, un diamant en brillant coûte 240 francs et quelquefois 288.

On sait que le *carat* est le poids ordinaire de la fève d'un arbre originaire d'Afrique nommé carat. Cette petite fève, rouge avec un point noir, a servi aux sauvages du pays à peser l'or; transporté ensuite dans l'Inde, le carat a servi à évaluer le poids des diamants. Il varie si peu d'un pays à un autre qu'on le considère comme universel; il équivaut à *vingt centigrammes et demi*.

X

La valeur approximative des diamants bruts susceptibles d'être taillés est en raison du carré du poids, c'est-à-dire du poids multiplié par lui-même. Le prix d'un diamant de 1 carat, par exemple, étant de 50 fr., celui de 2 carats sera de deux fois deux multiplié par cinquante, c'est-à-dire de 200 fr.; celui de 3 carats de trois fois trois multiplié par 50, ou de 450 fr.

Les diamants travaillés sont supposés avoir perdu la moitié de leur poids primitif, pour arriver à l'état de perfection où ils se trouvent lorsqu'ils sortent des mains du lapidaire; par conséquent on connaît leur prix en doublant leur poids, l'élevant au carré et le multipliant ensuite par 50. Ainsi, pour un diamant travaillé pesant 3 carats on multiplierait le carré de 6 ou 36 par 50, ce qui donne pour produit 1,800 fr.

Le régent pesait brut	410 carats, et taillé	136,	$\frac{14}{16}$
Le grand Mogol.....	780 $\frac{1}{2}$ —	279,	$\frac{9}{16}$
Le Ko-hi-Noor......	186 $\frac{1}{2}$ —	82,	$\frac{12}{16}$
L'Étoile du Sud.....	254 $\frac{1}{2}$ —	124,	$\frac{4}{16}$

Le grand art du diamantaire réside dans la production de formes régulières, tout en conservant le plus de matière possible; l'artiste habile doit concilier ces deux exigences; cependant, en général il vaut mieux réduire une pierre que de la laisser imparfaite.

Les très-petits diamants susceptibles d'être taillés valent au lot jusqu'à 230 francs le gramme, mais à peine pèsent-ils 5 centigrammes ou un quart de carat environ, que leur prix augmente beaucoup.

Les diamants reconnus impropres à la taille sont employés à faire de l'égrisée, qui, comme on le sait, sert à tailler et à polir les autres diamants, à garnir les outils avec lesquels on grave les pierres fines, ou à couper le verre.

Les ouvriers qui font l'égrisée sont munis de deux maillets, dans chacun desquels est enclavé un diamant; ils les frottent l'un contre l'autre, et la poussière qui s'en détache tombe dans une petite boîte nommée l'*égrisoire*. La valeur de cette poudre est d'environ 1,500 fr. l'once anglaise (28 gr. 346).

On fait également de l'égrisée avec le *boort* ou *diamant noué*. C'est une espèce particulière de diamant, qui se présente le plus souvent sous une forme parfaitement sphérique, et dont la cristallisation est tellement confuse qu'on ne peut la comparer qu'aux nœuds les plus compliqués de certains bois. Ce diamant présente un enchevêtrement de parties moléculaires sans ordre et sans liaison suivie. Il est le plus souvent d'un blanc grisâtre ou noirâtre, et ne peut subir de clivage. Il n'est employé qu'à user et à polir le diamant régulier. Concassé ou pulvérisé il remplace avantageusement l'égrisée. Son prix, un peu variable, est en général de 15 francs le carat. M. Barbot ayant réduit progressivement par la combustion, à l'aide d'un procédé à lui propre, un diamant de ce genre de 25 carats, a constaté qu'il n'était pas plus facile à cliver dans ses couches intérieures que dans les autres.

XI

Dans le courant de l'année 1867, M. Dumas a présenté à l'Académie des sciences, un spécimen de nodules charbonneux, découvert par M. le comte de Douhet, chez un marchand qui n'a pu en indiquer l'origine. Ce charbon est assez dur pour supporter le travail de la meule et prendre le poli. Il offre en effet ce contraste singulier qu'avec l'apparence, l'opacité, la densité et la composition de l'anthracite, il possède une dureté et prend un poli qui fait involontairement penser au diamant en voie de formation. Sa composition chimique est celle-ci :

Carbone........................... 97,5
Hydrogène......................... 0,5
Oxygène........................... 1,5
Cendres........................... 0,5

Dans son excellent journal hebdomadaire *les Mondes scientifiques*, M. l'abbé Moigno fait remarquer que ce minéral diamantaire lorsqu'il est taillé devient un vrai caméléon. Comme ses feux sont franchement blancs et

Fig. 13. — Recherche du diamant après le lavage du cascalho.

que ses faces non éclairées leur servent de repoussoir en restant sombres, toute lumière colorée qui les frappe leur communique sa teinte. Les craquelures qui semblent fendiller cette gemme constituent une extrême originalité, car il n'existe aucun cristal ou strass noir qui puisse en imiter la couleur et le feu. Le strass a pourtant donné la mesure de ses forces dans ces belles imitations blanches, rouges, vertes, bleues de nos gemmes les plus précieuses; mais dès qu'il arrive au noir il constitue le bijou de deuil : un verre gras, morne, éteint, qui n'approche en rien des parures resplendissantes dont nous parlons.

En armant de diamants noirs de puissantes machines, on arrive à percer les roches les plus dures avec une facilité surprenante. On a pu voir à l'Exposition universelle de 1867 un remarquable appareil ainsi armé, celui de M. de La Roche-Tolay, ingénieur des ponts et chaussées. Il est vrai cependant que ce procédé exige des frais énormes.

XII

On n'a encore rencontré le diamant que dans des matières de transport dont l'âge ne peut être fixé, mais que l'on regarde comme assez modernes.

Ces matières, qui portent au Brésil le nom de *cascalho*, sont formées de cailloux roulés de quartz, liés entre eux par une matière argileuse, et parmi lesquels on trouve des fragments de diverses roches, avec du fer oligiste, du fer magnétique, des topazes, des silicates en cristaux roulés, du bois pétrifié et une assez grande quantité d'or et de platine.

Le diamant se trouve disséminé en petites quantités dans ces dépôts, et presque toujours enveloppé d'une couche terreuse qui y adhère plus ou moins fortement et qui empêche de le reconnaître avant qu'il ait été lavé.

Depuis les temps les plus reculés jusqu'au commencement du dix-huitième siècle l'Inde fut en possession de fournir tous les diamants; on les tirait principalement des mines situées dans les anciens royaumes de Golconde et de Vizapour, dans l'Indoustan.

> .... Quelle arène féconde
> Aux champs de Vizapour, aux rochers de Golconde,
> Dans les flots détrempée et retrempée encor,
> Laissa du sable avare échapper le trésor! (DELILLE.)

On attribue au hasard la découverte de la fameuse mine de Golconde, la plus riche que l'on connaisse. Elle se trouve dans le lieu le plus sec et le plus stérile du royaume.

Un berger, dit-on, conduisant son troupeau dans un lieu écarté, aperçut une pierre qui jetait de l'éclat; il la prit, et la vendit pour un peu de riz à quelqu'un qui n'en connaissait pas mieux la valeur.

Elle passa ainsi en différentes mains, et tomba enfin dans celles d'un marchand connaisseur qui sut l'exploiter; et bientôt chacun s'empressa de fouiller dans l'endroit où le diamant avait été ramassé.

On cherche ces gemmes dans les veines des rochers;

plus de trente mille ouvriers sont occupés à ce travail. Le roi se réservait les diamants au dessus de 10 carats ; mais souvent on le trompait : les mineurs les avalaient, et trouvaient ensuite le moyen de les vendre aux Européens.

En 1778, des mines de diamants furent découvertes au Brésil ; le gisement y est entièrement semblable à celui des mines de l'Inde. En 1824, une découverte semblable eut lieu en Sibérie. Telles sont les trois régions privilégiées pour ces gemmes incomparables ; la découverte que l'on a faite il y a deux ans dans la terre de Natal, au-dessus de la colonie du Cap, dans les parages de la rivière Orange, de quatre diamants de très-belle eau, et dont l'un pèse au-delà de 12 carats, va donner sans doute naissance à des recherches sérieuses.

Depuis la découverte des mines du Brésil, ce pays a presque seul le privilége du commerce du diamant, qui s'élève à peu près à six ou sept kilogrammes par an, comptant plus d'un million de francs de frais d'exploitation.

XIII

Comme les diamants sont ordinairement enveloppés d'une couche terreuse qui les dérobe à la vue, leur recherche est assez difficile.

Dans l'Inde on commence par laver le sable qui est présumé contenir ces gemmes. La plus grande partie des matières terreuses se trouve ainsi enlevée ; le reste est répandu sur une aire bien battue, ou recueilli dans des auges, et des hommes nus font la recherche des diamants en plein soleil, sous la surveillance d'inspecteurs.

Le *Chambers journal* a donné quelques détails intéressants sur l'exploitation du diamant au Brésil; en voici la substance :

On sait que le diamant se trouve au milieu des matières argileuses, auxquelles les Brésiliens donnent le nom de *cascalho*.

Le territoire le plus riche en diamants est celui qui s'étend du village d'Itambe, dans la province de Minas-Geraès, jusqu'à Sincora, sur la rivière de Peruagrassu (Bahia), entre le 20° 19' et le 13° de latitude sud. On trouve surtout ces pierres précieuses aux embouchures des rivières Doces, Arassuaky, Séquitinhonha, etc. Cette dernière est une des plus fertiles en diamants de tout le pays; aussi est-elle depuis bien des années en exploitation. Dès que la sécheresse, qui dure ordinairement depuis le commencement d'avril jusqu'au milieu d'octobre, a fait baisser les eaux, on détourne la rivière dans un canal formé au dessus du lit primitif, en construisant une digue avec des sacs de sable. L'eau qui reste est pompée; la vase est creusée à une profondeur de deux à trois mètres, et transportée dans l'endroit où plus tard aura lieu le lavage. Tant que la sécheresse dure, on continue de recueillir le *cascalho*, afin d'en avoir une quantité suffisante pour occuper les nègres pendant la saison des pluies. On peut déterminer d'avance le nombre de carats contenus dans une quantité donnée de terre diamantifère. Pourtant il arrive quelquefois qu'on trouve des terres contenant plus de diamants et en même temps de l'or.

Lorsque l'arrivée des pluies met fin à la récolte du cascalho, les travaux commencent dans les lavoirs. Les auges ou *canæs* sont disposées côte à côte, et l'inspecteur s'assied devant, sur une chaise élevée, de façon à voir le moindre mouvement des nègres. Dans chaque auge passe un filet d'eau destiné à entraîner les parties terreuses. Quand le nègre a transporté un demi quintal de cascalho dans son auge, il y fait passer le courant d'eau et agite le tout jusqu'à ce que la vase ait été complétement entraînée et que l'eau devienne parfaitement limpide. Alors on prend les résidus et on les visite soigneusement; s'il se trouve un diamant, le nègre qui l'a trouvé se lève et frappe dans ses mains pour avertir le gardien; celui-ci va prendre l'objet et le place dans un étui ou dans un récipient rempli d'eau, suspendu au milieu de la case.

Les gros diamants sont extrêmement rares; on a calculé qu'en moyenne, sur dix mille diamants, il s'en trouve rarement plus d'un pesant vingt carats (4^{gr}, 200), tandis que huit mille environ pèsent moins d'un carat (0^{gr}, 212). Aux mines de Séquitinhonha, dans les lavages d'une année, on a rarement trouvé plus de deux ou trois pierres pesant chacune de 17 à 20 carats. Dans toutes les mines du Brésil, pendant le cours de deux années, on n'en a trouvé qu'un seul de trente carats. En 1851, la source de la rivière de Patrocinho, dans la province de Minas-Geraès, a fourni une pierre précieuse de 120 carats et demi. Postérieurement, on en a trouvé, dans le Rio das Velhas, une de 107, et une autre de 87 carats; mais le plus gros qui ait été recueilli, c'est l'*Étoile du Sud*, qui avant d'être taillé pesait 254 carats et demi.

Toutes les mesures sont prises pour empêcher les nègres de dérober les pierres qui s'y trouvent; de temps en temps on les fait passer d'un lavoir dans un autre; on leur accorde aussi des récompenses pour les engager à faire des recherches actives. Celui qui trouve un diamant de 17 carats et demi est couronné de fleurs et conduit en procession chez l'inspecteur, qui lui donne la liberté, un habillement complet et l'autorisation de travailler pour son propre compte.

Il s'est passé à Zéjuco une scène touchante. Un nègre venait de trouver un gros diamant. Tous ses camarades eussent désiré qu'il obtînt sa liberté en récompense; mais le diamant ayant été livré et déposé dans la balance, on trouva qu'il ne pesait que seize carats et demi : un de plus, il eût obtenu sa liberté! Le pauvre nègre se vit trompé dans ses espérances; son sort excita l'intérêt général.

La découverte de pierres de huit à dix carats donne droit à deux chemises neuves, un habit, un chapeau et un joli couteau. Pour les petites pierres, il y a des primes correspondantes.

Le Brésil livre annuellement au commerce trente mille carats de diamants bruts. Pendant les deux années qui ont suivi la découverte de la mine de Sincora (province de Bahia), on en a exporté en Europe pour six cent mille carats; mais en 1852 l'exportation était déjà tombée à cent trente mille.

L'extraction des diamants donne beaucoup de mal.

Fig. 14. — Convoi de diamants.

La récolte d'une année peut tenir dans le creux de la main ; et cependant, pour ramasser ce peu de pierres brillantes il a fallu de la part des nègres bien des labeurs et des efforts. L'intérêt des propriétaires a pourtant adouci la condition des nègres qui travaillent aux mines. Les primes offertes ne sont pas seulement un appât pour les recherches, elles ont contribué à rendre le travail plus doux et plus tolérable.

XIV

Il arrive quelquefois que tel diamant blanc et limpide à l'état brut se trouve être coloré ou louche après la taille ; tel autre, coloré et presque opaque, devient blanc et transparent ; en sorte qu'il a été impossible jusqu'à présent d'être certain de ce que sera un diamant brut après la taille.

Cette ignorance est souvent fatale aux intérêts des exploiteurs des mines et de ceux qui font tailler ; elle contribue énormément à maintenir le haut prix du beau diamant, qui doit alors faire regagner ce qu'on perd sur le travail du mauvais ; ce à quoi on n'arrive pas toujours, car la perte occasionnée par la taille du mauvais diamant dépasse souvent le bénéfice obtenu sur le beau. Il est facile de s'en rendre compte, si l'on songe que le diamant brun a bien de la peine à se vendre quatre-vingts francs le carat et qu'il revient à deux cents francs. Alors, s'il s'en trouve dans une partie une forte quantité, la perte est immense et ne peut être compensée.

Il y a une vingtaine d'années que M. Barbot s'est oc-
cupé avec succès de cette importante question. Au moyen
d'agents chimiques d'une active énergie, il était parvenu, en dépouillant le diamant brut de sa croûte, à lui
donner l'apparence qu'il doit avoir après la taille; en
sorte que les mécomptes que nous avons signalés n'é-
taient plus possibles; sa découverte permettait de tailler
le diamant avec la certitude du résultat.

Ce travail avait déjà été exécuté sur plus de huit mille carats de diamants bruts; il n'a aucune connexité avec le brû-
lage des Brésiliens, connu et pratiqué depuis longtemps,
et dont l'effet est de rendre noirs les points rouges du diamant, tout en corrodant sa surface d'une telle façon qu'il
n'est plus possible de le juger; tandis que les diamants
bruts sortis du creuset de M. Barbot étaient aussi polis
et plus limpides qu'avant l'opération.

Ce procédé permettait à son auteur d'arriver parfois
à des résultats surprenants. Ainsi, sur deux diamants
rouge-vermeil, un seul a été soumis à son procédé, il est
devenu blanc à la taille; l'autre est resté rouge. Il en fut
de même pour la couleur verte; un autre qui contenait
dans sa cristallisation une paillette d'or en fut débarrassé,
et devint d'une limpidité, d'un blanc parfait.

X V

MM. Halphen ont présenté à l'Académie des sciences,
le 4 mai 1866, un diamant du poids de 4 grammes environ présentant un phénomène exceptionnel.

Cette gemme est à l'état normal d'un blanc légèrement teinté de brun. Lorsqu'on la soumet à l'action du feu, elle prend une teinte rosée très-nette, qu'elle conserve pendant huit à dix jours, et qu'elle perd peu à peu pour revenir à sa couleur normale primitive.

Cette modification peut être réalisée indéfiniment ainsi que le retour à l'état primitif; car la pierre soumise à l'Académie a subi cinq fois cette épreuve.

M. Gallardo Bastant, qui s'est voué à l'étude de l'origine des pierres précieuses, a également communiqué à l'Académie l'explication qu'il croit pouvoir donner de ce phénomène.

Le diamant jaunâtre, dit-il, est un composé de carbone et de fluorure d'aluminium, et sa couleur jaunâtre se change en couleur de rose : ce même phénomène s'observe avec la topaze, qui est un composé d'alumine, de silice et d'acide fluorique, et dont la couleur jaunâtre se change également en couleur de rose à une température élevée. Le changement de la couleur jaunâtre en couleur de rose a pour origine l'absorption de l'acide carbonique ; l'analyse accuse en effet des traces de ce gaz.

XVI

Les diamants extraordinaires par leur grosseur, leur beauté ou leur prix, étaient autrefois appelés *parangons*.

Il existe très-peu de diamants au-dessus de 100 carats. En voici la liste à peu près complète.

L'Étoile du Sud, qui brut pesait 254 carats et demi, fut achetée par MM. Halphen. Depuis la taille il ne pèse plus que 124 carats un quart. Il est d'une forme ronde ovale très-gracieuse.

Le diamant du rajah de Matan, à Bornéo ; il pèse brut 368 carats. Il a été trouvé en 1787, aux environs de Landack. En 1820, le gouverneur de Batavia fit offrir au rajah, en échange de cette belle pierre, deux bricks de guerre avec leurs canons, leurs munitions et une grande quantité de poudre, de mitraille et de boulets, plus une somme de 150,000 dollars, qu'il refusa.

Le Nizam, qui appartient au rajah de Golconde ; il pèse brut 340 carats, et il est évalué 5 millions.

Le Grand-Mogol, ainsi nommé du nom de son possesseur ; il pesait brut 780 carats et demi, mais la taille le réduisit à 279 carats 9/16. Il est taillé en rose et a la forme d'un œuf coupé transversalement. On l'estime 12 millions. On dit que ce diamant est maintenant en Perse, sous le nom de *Deryaï-Noor* (Océan de Lumière).

Le Ko-hi-Noor (Montagne de Lumière), le plus ancien diamant connu, pesait 186 carats 2/4, et était estimé 35 millions. Retaillé après son acquisition par les Anglais, il a bien diminué de valeur. Après avoir appartenu à Nadir-Chah, qui lui donna sa dénomination actuelle, il passa dans le trésor des rois d'Afghanistan, dont le dernier en fit cadeau au fameux Randjet-Sing, roi des Sikhs. La conquête du Pendjab le fit tomber, en 1849, entre les mains des Anglais. Aujourd'hui il figure parmi les diamants de la couronne d'Angleterre. Il est taillé en rose.

L'Orloff, diamant-russe, pèse 193 carats ; il est gros comme un œuf de pigeon, et est taillé à facettes ; il a coûté à Catherine II 2,250,000 fr.

Le Chah, qui pèse 95 carats, et qui appartient aussi à la Russie, a la forme d'un prisme irrégulier; il est d'une bonne eau.

L'Étoile Polaire, autre diamant russe, est taillé en brillant; il pèse 40 carats.

Le Grand-Duc de Toscane, que possède l'Autriche, pèse 139 carats 1/2; il est taillé à neuf pans et couvert de facettes formant une étoile à neuf rayons.

Le diamant dit *du pacha d'Égypte*, pesant 49 carats, a coûté 760,000 fr.; il est taillé à pans.

La Loterie d'Angleterre, qui pèse 82 carats 1/4; il fut mis en loterie, en 1801, pour 750,000 francs.

Le Nassack, qui pesait d'abord 89 carats 3/4, a été taillé et ne pèse plus que 78 carats 5/8; il vaut de 7 à 800,000 fr.

Le diamant bleu de Hope, de 44 carats 1/5, a été payé 450,000 fr. Il joint la plus belle nuance de saphir au plus vif éclat adamantin.

Le Régent, de la couronne de France, le plus beau des diamants connus, pesant 137 carats.

Trois diamants, le Grand-Mogol, l'Orloff et le Ko-hi-Noor, paraissent, d'après leur forme, être trois fragments ayant fait partie d'un même cristal, lequel ne serait autre que le monstrueux diamant de 779 carats, que Tavernier dit avoir vu à la cour du Mogol.

Tels sont les diamants connus les plus remarquables, sans compter qu'il en existe de fort beaux dans certaines collections particulières. Parmi les plus riches possesseurs de ces pierres précieuses, nous citerons le prince Esterhazy, colonel d'un régiment hongrois au service de l'Autriche, qui lorsqu'il revêtait son grand uniforme en portait pour douze millions !

XVII

Plusieurs diamants présentent une histoire curieuse.

L'*Owl*, journal anglais, annonçait dernièrement que le *Sancy* avait été acheté par M. Garrard, pour le compte d'un prince indien. Ce diamant, de cinquante-cinq carats, jadis un des joyaux de la couronne de France, avait été volé au Garde-Meuble en 1792. Il passa ensuite entre les mains de la femme de Charles IV, roi d'Espagne, qui le donna à Godoy, prince de la Paix. En dernier lieu il était devenu la propriété de la famille Demidoff, qui, d'après la version de la feuille anglaise, l'aurait directement cédé à M. Garrard.

Le *Sancy* a eu une existence des plus orageuses.

Après la mort d'Henri III, Henri IV se trouva dans la plus grande détresse ; ce fut Nicolas de Harlay de Sancy, véritable ami de son maître et son ambassadeur auprès des cantons suisses, qui le secourut le plus efficacement en mettant en gage, chez les juifs de Metz, le superbe diamant qui porte son nom.

Ce joyau, qui appartenait à Charles le Téméraire, duc de Bourgogne, fut ramassé, le 22 juin 1476, sur le champ de bataille de Morat par un soldat suisse, et vendu à un curé, qui le paya un florin. Après avoir fait le récit du combat, Philippe de Commines ajoute : « Les dépouilles de son *host* (camp) enrichirent fort ces pauvres gens de

Suisse, qui de prime face ne connurent les biens qu'ils eurent entre leurs mains, et par espéciale les plus ignorants. Un des plus beaux et riches pavillons du monde fut départi en plusieurs pièces.

« Il y en eut qui vendirent une grande quantité de plats et d'écuelles d'argent pour deux grands blancs la pièce, cuidant que ce fust estaing.

« Son gros diamant (qui estoit un des plus gros de la chrétienté), où pendoit une grosse perle, fut levé par un Suisse, puis remis dans son estuy; puis rejeté sous un chariot; puis ce revint querir, et l'offrit à un prestre pour un florin. Cestui-là l'envoya à leurs seigneurs, qui lui donnèrent trois francs, etc. »

Ce diamant passa plus tard aux mains du duc de Florence, et ensuite à celles du roi de Portugal don Antoine, qui, réfugié en France, le vendit à Harlay de Sancy pour une somme de 70,000 fr.

Ayant laissé ce diamant à Paris, Sancy envoya son valet de chambre le chercher, en lui recommandant de ne pas se faire voler, à son retour, par quelques-uns des brigands qui infestaient les routes. « Ils m'arracheront plutôt la vie que le diamant, » répondit le fidèle serviteur, en faisant entendre qu'il l'avalerait, afin de le mettre à l'abri de tout danger.

Ce qu'avait craint Sancy arriva. Son valet de chambre fut arrêté, dépouillé et égorgé. Ne le voyant pas revenir, Sancy se douta de l'événement, et, après les plus grandes perquisitions, ayant découvert qu'un homme dont le signalement répondait à celui de son domestique avait été trouvé assassiné dans la forêt de Dôle et que les paysans l'avaient enterré, il se transporta aussitôt sur les lieux, fit exhumer le cadavre, et le diamant fut trouvé dans les entrailles de ce serviteur au dévouement antique.

Le diamant *le Régent*, que l'on nomme aussi *le Pitt*, nom du marchand auquel le régent de France Philippe d'Orléans, l'avait acheté, est le plus beau diamant que l'on connaisse. Il fut mis en gage pendant la Révolution, et retiré sous le gouvernement consulaire.

On trouve son histoire dans les *Mémoires du duc de Saint-Simon*.

Un employé des mines de Partéales, dans le Mogol, ayant trouvé un diamant d'une grosseur prodigieuse, vint à bout de le cacher en se l'introduisant dans les entrailles.

Il s'embarqua pour l'Europe. Il le fit voir à plusieurs princes de différentes cours; tous l'admirèrent, mais ils le trouvaient en même temps au-dessus de leurs facultés pécuniaires.

Le régent de France fut lui-même effrayé du prix, lorsque Law, à qui le propriétaire était venu l'offrir, le fit voir à son tour à son Altesse Royale. Après de grandes concessions de la part du possesseur, le duc d'Orléans se détermina à en donner 2,000,000 de francs et les rognures qui sortiraient de la taille.

Le diamant fut donc acquis à la France pour 2,500,000 francs à peu près. Cette somme est loin de représenter maintenant sa valeur; car on l'estime 12,000,000 de francs. Ce qui fait la valeur du *Régent*, ce n'est pas seulement son poids; il est l'unique parmi toutes les pierres précieuses réunissant les plus rares qualités des gros diamants, c'est-à-dire la blancheur, l'éclat et surtout la beauté de forme; si l'on voulait ramener à la pureté de forme les diamants les plus volumineux, aucun n'atteindrait son poids.

XVIII

On parle souvent des diamants de la couronne, mais peu de personnes ont sur ces richesses des détails précis.

La France possède depuis des siècles, malgré les changements de régime politiques, un trésor d'une valeur approximative de vingt et un millions de diamants, *le Régent* compris. D'après le remarquable rapport de M. Delattre, en 1791, la quantité de diamants constatée par l'inventaire de 1774 montait à 7,482. Il en fut vendu depuis, à diverses fois, la quantité de 1,471, mais les achats faits pour compléter la garniture de boutons et l'épée du roi Louis XVI en portèrent le nombre à 9,547.

Cette magnifique collection fut malheureusement volée en 1792. L'inventaire des diamants de la couronne, fait en 1791, aux termes d'un décret de l'Assemblée constituante, venait à peine d'être terminé au mois d'août 1792. Après les journées sanglantes du 10 août et du 2 septembre, ce riche dépôt fut naturellement fermé au public, et la Commune de Paris, comme représentant le domaine de l'État, mit les scellés sur les armoires dans lesquelles étaient déposés la couronne, le sceptre, la main de justice et les autres ornements du sacre; la chapelle d'or léguée à Louis XIII par le cardinal de Richelieu, avec toutes ses pièces enrichies de diamants et de rubis, et la fameuse nef d'or pesant 106 marcs, plus une quantité prodigieuse de vases d'agate, d'améthyste, de cristal de roche, etc.

Dans la matinée du 17 septembre, Sergent et les deux autres commissaires de la Commune s'aperçurent que pendant la nuit des voleurs s'étaient introduits dans les vastes salles du Garde-Meuble, en escaladant la colonnade du côté de la place Louis XV et l'une des fenêtres donnant sur cette place. Ils avaient brisé les scellés sans forcer les serrures, enlevé des trésors inestimables que contenaient les armoires, et disparu sans laisser d'autres traces de leur passage. Une lettre anonyme révéla qu'une partie des objets était enfouie dans un fossé de l'allée des Veuves, aux Champs-Élysées ; Sergent se transporta aussitôt, avec ses collègues, à l'endroit qui avait été fort exactement indiqué. On y trouva entre autres objets le fameux diamant *le Régent*, et la magnifique coupe d'agate-onyx connue sous le nom de *Calice de l'abbé Suger*, et qui fut ensuite placée dans le cabinet des antiques de la Bibliothèque nationale.

On fit les recherches les plus minutieuses pour retrouver les auteurs de ce vol audacieux, toutes furent inutiles ; on alla jusqu'à prétendre que les gardiens du dépôt l'avaient volé eux-mêmes, et Sergent fut surnommé *Agate*, à cause de la manière mystérieuse dont il avait retrouvé la coupe en agate-onyx.

Douze ans après, plusieurs individus furent mis en accusation pour avoir fabriqué de faux billets de la Banque de France. Un des accusés, qui avait servi autrefois dans les Pandours, déguisait son véritable nom sous

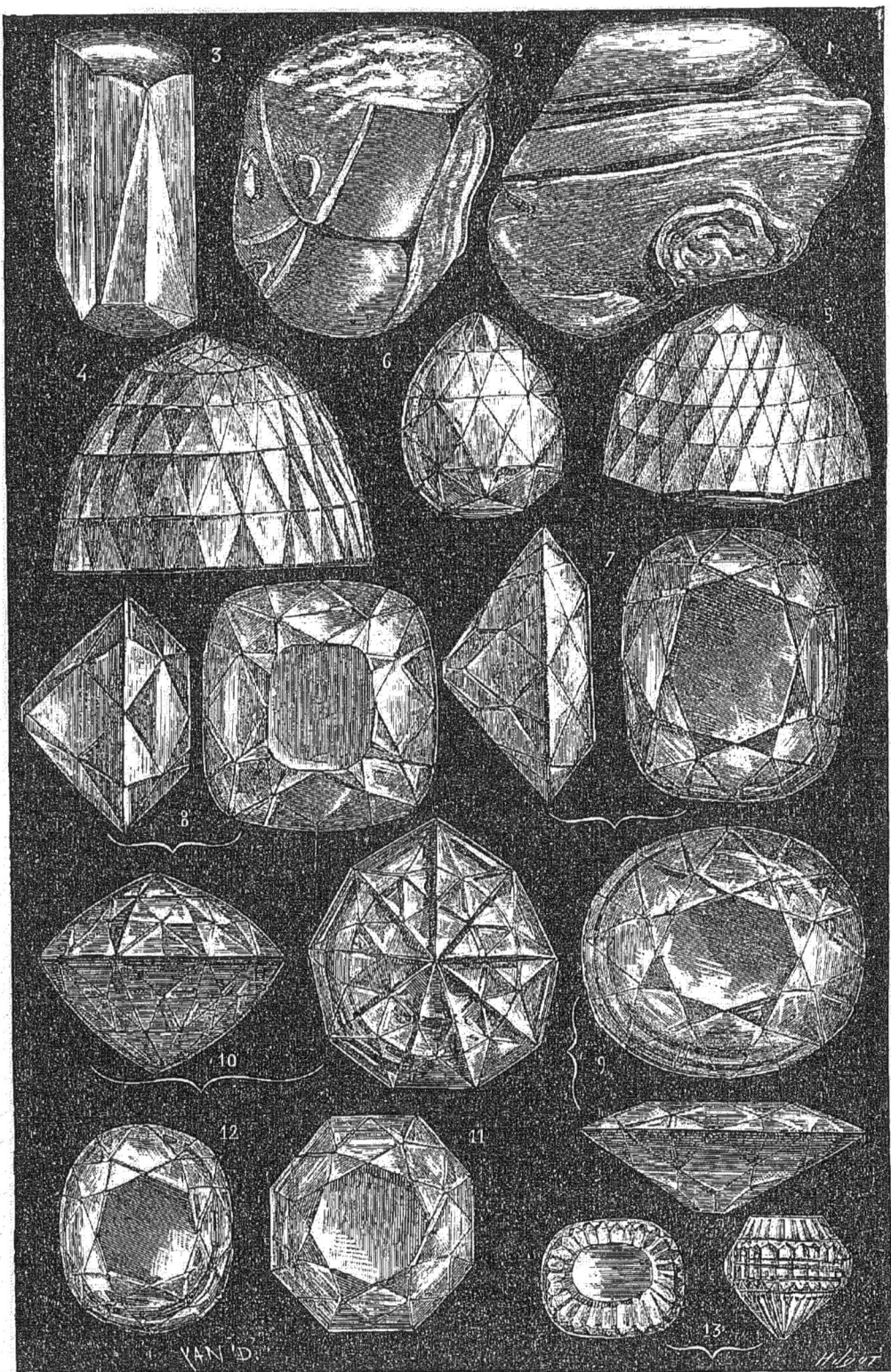

Fig. 15. — Principaux diamants.

1. Le Nizam. — 2. L'Étoile du Sud. Brut. — 3. Le Chah. — 4. Le Grand-Mogol. — 5. L'Orlow. —
6. Le Sancy. — 7. L'Étoile du Sud. Taillé. — 8. Le Régent. — 9. Le Ko-Hi-Noor. — 10. Le Grand-
Duc de Toscane. — 11. Le Pacha d'Égypte. — 12. Le Diamant bleu de Hope. — 13. Recoupé.

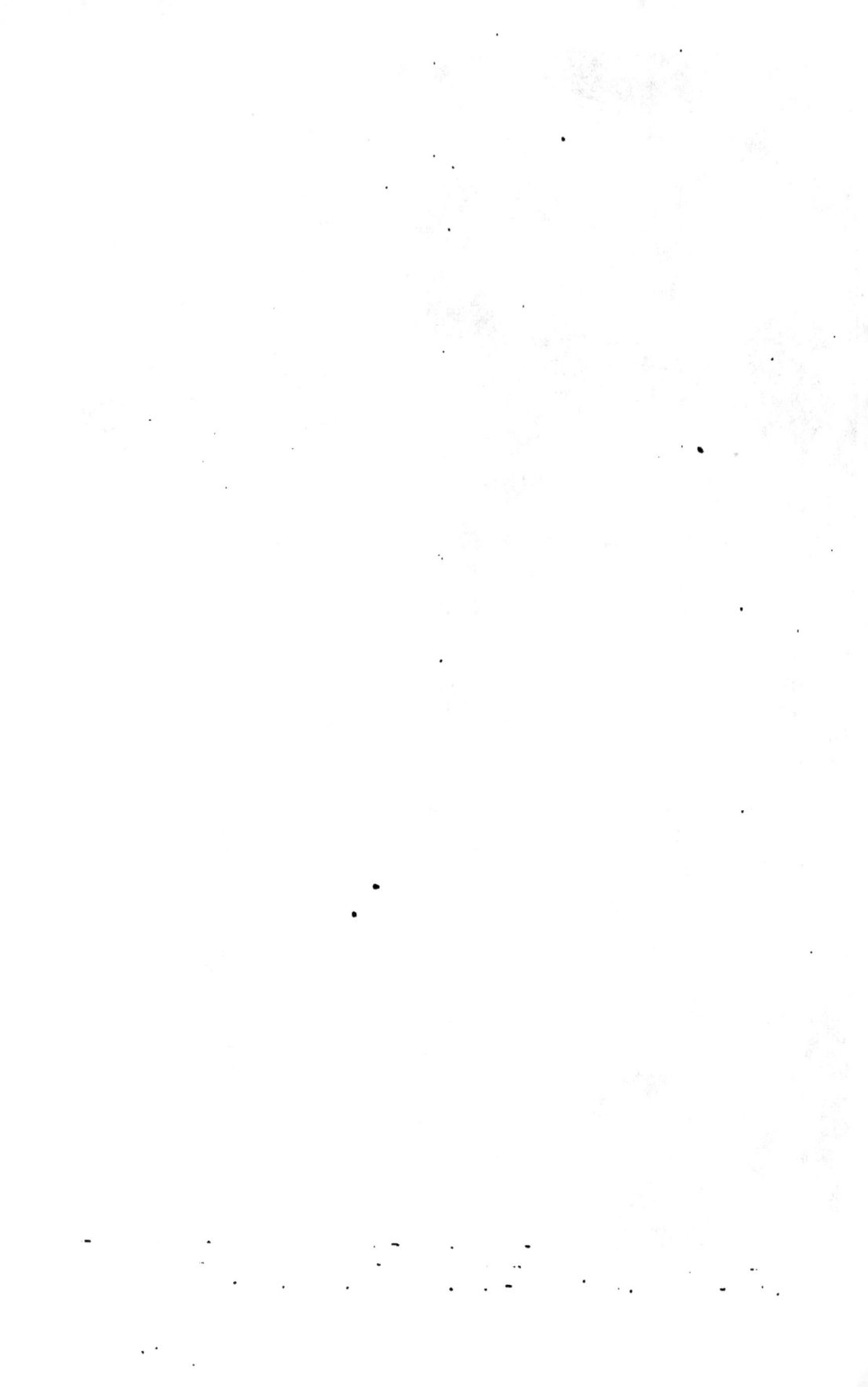

celui de *Baba :* après avoir nié tous les faits mis à sa charge, il fit, aux débats, des aveux complets, et expliqua les procédés ingénieux employés par les faussaires. « Ce n'est pas la première fois, ajouta-t-il dans sa manière assez excentrique de se défendre, que mes aveux ont été utiles à la société, et si l'on me condamne, j'implorerai la miséricorde de l'empereur. Sans moi, Napoléon ne serait pas sur le trône ; c'est à moi seul qu'est dû le succès de la bataille de Marengo. J'étais un des voleurs du Garde-Meuble ; j'avais aidé mes complices à enterrer dans l'allée des Veuves *le Régent* et d'autres objets reconnaissables, dont la possession les aurait trahis. Sur la promesse que l'on me fit de ma grâce, promesse qui fut exactement tenue, je révélai la cachette. *Le Régent* en fut tiré, et vous n'ignorez pas, messieurs de la cour, que ce magnifique diamant fut engagé par le premier consul entre les mains du gouvernement Batave, pour se procurer les fonds dont il avait le besoin le plus urgent après le 18 brumaire. » Les coupables furent condamnés aux fers ; Bourgeois et Baba, au lieu d'être conduits au bagne, furent retenus à Bicêtre, où ils moururent.

L'empereur Napoléon Ier fit rechercher ensuite et racheter par toute l'Europe tout ce que l'on put trouver des diamants et objets d'art disparus, et ces recherches eurent un plein succès ; l'ensemble put se compléter ainsi au delà de ce que l'on aurait osé espérer.

On établit en 1810 un inventaire des diamants de la couronne, dont le chiffre était : en pierres, de 37,393, d'une valeur monétaire de 18,922,477 fr. 83 centimes.

Quatre gemmes bien remarquables ont disparu du trésor

de la couronne : 1° *le Sancy*, dont nous avons fait l'histoire ;
2° la magnifique opale connue sous le nom de l'*Incendie de
Troie*, qui a appartenu à l'impératrice Joséphine ; 3° un très-
beau brillant de 34 carats, fourni par M. Elias à Napoléon Ier lors de son mariage : on croit cependant que c'est
cette pierre qu'il perdit à Waterloo, et qu'il portait toujours comme un *en cas ;* 4° le *diamant bleu*, d'une perfection
si rare, pesant 67 carats. Il fut volé en 1792. On soupçonne
fort le diamant bleu de Hope, qui joint la plus belle nuance
du saphir au plus vif éclat adamantin et pesant 44 carats ⅛, d'être le diamant bleu de France, auquel on aurait
fait subir une réduction afin de le rendre méconnais-
sable. En 1848, lors du transport des diamants au trésor,
il fut également volé dans ce court trajet un écrin contenant deux pendeloques en roses et un bouton de chapeau d'une valeur totale de 300,000 francs.

En somme, les diamants de la couronne de France
forment, par leur ensemble, leur beauté hors ligne et le
bon goût de leur monture, une des plus belles collections
qui existe. On y admire surtout soixante très-beaux diamants, pesant de 25 à 28 carats et provenant de nouvelles acquisitions.

L'écrin de la couronne renferme en outre 506 perles,
230 rubis, 134 saphirs, 150 émeraudes, 71 topazes,
3 améthystes, 8 grenats syriens et 8 pierres de différentes
qualités, sans autre désignation, le tout d'une valeur approximative de 18 millions.

La couronne actuelle, bien moins riche en ornementation que les précédentes, contient cependant 8 gros
diamants du poids de 19 à 28 carats. *Le Régent* s'y

adapte à volonté. Il en fait ainsi la plus riche couronne du monde.

XIX

Le trésor de la couronne des czars, conservé à Moscou, renferme des pierreries d'une valeur considérable. Les deux pièces capitales sont deux diamants, l'un de la grosseur d'un œuf de pigeon, taillé à facettes : c'est celui que les Russes ont baptisé du nom d'*Orloff*, l'autre a la forme d'un prisme irrégulier et est de la grosseur et presque de la longueur du doigt : il porte le nom de *Chah*. Voici son histoire :

Il appartenait jadis aux Sophis ; il était l'un des deux énormes diamants qui ornaient le trône de Nadir-Chah et que les Persans appelaient, en langage hyperbolique, l'un le *Soleil de la mer*, l'autre la *Lune des montagnes*. Lorsque Nadir fut assassiné, ses trésors furent mis au pillage et ses pierreries partagées entre quelques soldats, qui les cachèrent avec soin.

Un Arménien, du nom de Shafras, habitait à cette époque la ville de Bassora avec ses deux frères. Un jour un Afghan se présente à lui, et lui offre en vente un gros diamant, la *Lune des montagnes*, plus une émeraude et un rubis d'une grosseur fabuleuse, un saphir de la plus belle eau, que les Persans appelaient l'*œil d'Allah*, et une centaine d'autres pierres de moindre valeur ; il demandait du tout un prix fort modique. Shafras, surpris de cette offre, pria l'Afghan de revenir, en lui disant qu'il n'avait pas en sa possession les fonds nécessaires pour faire ce marché. L'homme aux diamants ayant conçu quelques soupçons sur la bonne foi de Shafras, quitta Bassora secrètement ; quelques démarches que firent les trois frères, ils ne purent le retrouver.

Quelques années après, cependant, l'aîné le rencontra par hasard à Bagdad, comme il venait de vendre toutes ses pierreries 65,000 piastres fortes et une paire de chevaux de prix. Shafras se fit indiquer la demeure de l'acheteur, qui était un juif, lui en offrit le double, et fut refusé. Sur ces entrefaites, les deux Shafras cadets rejoignirent leur frère, et tous trois convinrent d'assassiner ce juif. Ce projet fut exécuté aussitôt, et le lendemain ils empoisonnèrent l'Afghan, qu'ils avaient invité à prendre des sorbets, et les deux cadavres, renfermés dans un sac, furent jetés dans l'Euphrate.

Bientôt une dispute s'éleva entre les trois frères pour le partage des pierreries, et l'aîné se débarrassa de ses deux cadets de la même manière que de l'Afghan, s'enfuit à Constantinople, et passa peu de temps après en Hollande.

De là il fit connaître ses richesses, et les proposa aux différentes cours de l'Europe.

La nouvelle en parvint à Catherine II, qui lui proposa de traiter pour la *Lune des montagnes* seulement. On le fit venir en Russie, et on le mit en rapport avec le joaillier de la cour. Les conditions étaient : lettres de noblesse, rente viagère de dix mille roubles et cinq cent roubles payables par dixième, d'année en année. Shafras demandait six cent mille roubles écus comptant. Le comte

Panin, alors ministre, fit traîner le marché en longueur, lança l'Arménien dans un train de vie qui l'obligea à faire des dettes considérables, et quand il sut qu'il n'avait plus le sou pour payer, il rompit brusquement le marché. Shafras, suivant les lois du pays, ne pouvait plus sortir de l'empire ni même de la ville sans acquitter ses dettes. Sa situation était embarrassante.

Le joaillier de la cour se disposait à profiter de cette détresse, le diamant allait tomber entre ses mains pour le quart tout au plus de sa valeur. L'Arménien comprit bien vite l'infernal piége dans lequel le ministre l'avait amené. Il vendit secrètement à des compatriotes quelques pierreries inférieures, paya ses dettes et disparut tout à coup.

Ce ne fut que dix ans après qu'on le retrouva à Astrakan, se disposant à passer en Géorgie et de là en Turquie. On lui fit de nouvelles offres, qu'il n'accepta qu'à la condition que l'affaire serait traitée à Smyrne, où d'ailleurs ses pierreries étaient en dépôt. C'était une sage précaution. Catherine accepta, lui donna des lettres de noblesse, six cent mille roubles argent, plus soixante-dix mille roubles assignats (en tout, deux millions et demi).

Les autres pierreries dont il était possesseur passèrent en différentes mains. Le saphir, dit-on, le plus beau que l'on connaisse, appartient à la couronne de Saxe, ainsi que les rubis.

Shafras ne pouvant retourner dans son pays, où il aurait eu à rendre compte de deux homicides et de deux fratricides, se fixa à Astrakan, et s'y maria avec une de ses compatriotes, dont il eut sept filles. L'un de ses gendres l'empoisonna avec des champignons vénéneux. L'immense fortune que le meurtrier avait acquise (il laissa, dit-on, dix à douze millions) fut dissipée en peu d'années par ses enfants.

Il y a encore à Astrakan plusieurs petits enfants de Shafras; tous vivent dans la misère la plus abjecte.

XX

A l'exposition de 1862 qui eut lieu à Londres, le public a été admis à voir la couronne de la reine Victoria ; c'est une œuvre d'art admirable. Elle est composée de cercles d'argent couverts de pierres précieuses, avec la croix de Malte en diamants à la partie supérieure. Au centre de la partie antérieure, au-dessus du cercle, est une autre croix de Malte, au milieu de laquelle on voit le rubis-brut qui ornait autrefois la toque du prince Noir. Le fond de la couronne est en velours violet. Le cercle inférieur est incrusté de brillants et surmonté de fleurs de lis et de croix de Malte en brillants. La couronne porte encore beaucoup d'autres pierres précieuses : émeraudes, rubis, saphirs, bouquets de perles d'un grand prix.

Voici l'estimation des diverses parties de cette couronne : les vingt diamants du cercle temporal valent (à 1,500 livres chacun) 30,000 livres; les deux gros diamants centraux (2,000 livres chacun), 4,000 livres; les cinquante-quatre petits diamants placés aux angles des premiers, 1,000 livres; les quatre croix composées chacune de vingt-cinq diamants, 12,000 livres; les quatre gros diamants terminant les croix (à 10,000 livres chacun); 40,000 livres; les douze diamants dans les fleurs de lis, 10,000 livres; les dix-huit petits diamants pour l'ornementation de ces fleurs, 2,000 livres; les autres diamants, perles, etc., 13,800 livres, formant un total de 112,800 livres, ou 2 millions 820 mille francs.

La couronne d'Angleterre faite pour Georges III pesait environ sept livres. Grâce à l'habileté des joailliers d'aujourd'hui, la couronne actuelle, beaucoup plus légère à l'œil que l'ancienne, est aussi en réalité beaucoup moins lourde, car elle ne pèse guère plus de cinq livres.

Voici quelques détails sur le trésor impérial du sultan :

Sa Hautesse possède les plus grosses émeraudes qu'il y ait au monde. Les perles qui sont dans le trésor de Constantinople ont des formes uniques; une d'elles, en forme de poire, blanche comme la neige, n'a pas moins de deux centimètres de grosseur. Le nombre de pierreries qui font partie du trésor impérial, et dont le prix est inappréciable, peut être porté à quarante-deux.

On cite une émeraude de 1,090 drachmes, une broche ornée de 280 gros brillants, une chemisette ornée de brillants et ayant au milieu un brillant de 50 carats, un poignard orné de brillants et une émeraude de 300 carats, plusieurs colliers de rubis et de perles énormes, grosses comme des œufs de pigeon.

XXI

Les fameux bijoux appartenant aux princes de la grande maison d'Esterhazy, pendant plus des trois quarts d'un siècle, ont excité l'admiration dans les principales cours de l'Europe.

Il est peu de personnes qui n'aient entendu parler de la valeur et de la splendeur de ces pierres précieuses. Nous allons raconter brièvement l'histoire de cette passion pour les gemmes qui, dans une branche des Esterhazy, se développa au point de devenir presque une folie, en prenant pour guide ce qu'il en a été dit dans diverses feuilles périodiques.

Vers la fin du dernier siècle, Nicolas, prince Esterhazy, assista au couronnement de François II comme roi de Hongrie. Alors il était capitaine des gardes du corps, c'est-à-dire qu'il était à la tête d'une troupe de vingt-quatre nobles et princes inférieurs à lui en rang et en fortune. C'est à cette occasion que l'on fit le premier uniforme garni de pierres précieuses. Toutes les parties de l'équipement de l'habit d'officier qui auraient dû être en métal étaient en purs brillants. L'effet, comme on peut se l'imaginer, fut immense. Le succès qu'il obtint engagea ce prince prodigue à accroître ses collections, et bientôt les parures de diamants des Esterhazy devinrent l'objet de l'entretien des cours de l'Europe. Comme il était le propriétaire féodal d'un tiers de la Hongrie, possesseur de trente-trois manoirs et suzerain de dix-sept grands seigneurs, il trouva peu de difficultés à satisfaire son goût pour les diamants : les pierres précieuses de la famille auraient pu lui suffire.

Ces habits extraordinaires, ces ornements princiers, ces uniformes cousus de diamants, furent portés par Nicolas et par le prince Paul au couronnement de François II, de Georges IV, de Guillaume IV, de Victoria, et au couronnement des empereurs de Russie et d'Autriche.

Le dernier prince, Paul, mourut il n'y a que quelques années couvert de dettes. Ses États étaient hypothéqués; mais ses propriétés privées (ses joyaux particulièrement) passèrent entre les mains de ses créanciers, qui les remirent à M. Boore, à Londres, pour être vendus séparément au carat.

On comptait plus de 50,000 brillants. Beaucoup d'entre eux ont une grande valeur, sans parler des émeraudes, des rubis, des topazes et des perles fines. Le plus considérable et le plus estimé parmi ces splendides ornements, c'est une aigrette de diamants que le prince Nicolas mettait à son bonnet de hussard pour remplacer les plumes ordinaires. On dit que c'est le plus beau joyau qu'il y ait dans l'univers. Les plumes contiennent 5,000 brillants pesant 750 grammes ou une livre et demie. L'ornement est fait de purs diamants et des plus belles couleurs; sa hauteur est de 16 centimètres et sa largeur de 10.

Autour du bonnet de hussard il y a une torsade et une ganse sur lesquelles sont plusieurs rangées de perles fines et des brillants d'un grand prix. L'épée et le fourreau sont couverts, comme la coiffure, des brillants les plus rares. Le ceinturon, qui est fait pour pendre de l'épaule à la ceinture, est peut-être l'objet le plus considérable de la collection : c'est une simple bande couverte de perles fines et de diamants les plus précieux; une seule pierre d'en haut est estimée 20,000 livres, et une d'en bas 12,000 livres. Parmi tout cela, il y a encore des tabatières de diamants et les derniers ordres du prince : ce sont les six ordres de la Toison d'or, qui sont d'une magnificence sans égale; ainsi que les ordres du Bain et de Saint-André en diamants.

L'uniforme complet d'un hussard général de Hongrie, la jaquette, la pelisse et les pantalons ne sont formés que de perles de grand prix. Le poids de ce superbe costume serait trop lourd certainement pour des hommes de force ordinaire, même pour n'être porté que peu de temps.

XXII

Ce luxe extravagant me rappelle l'habillement fameux de Bassompierre, dont il donne lui-même la description dans ses *Mémoires*. « Mais comme ma sœur, madame de Verderonne et la Patrière me fussent venues voir à mon arrivée, et m'eussent dit comme tous les tailleurs et brodeuses étaient occupés de telle sorte que l'on n'en pouvait trouver, quelque argent que l'on leur voulût donner, mon tailleur, nommé Tallot, vint avec mon brodeur, me dire que, sur le bruit des magnificences du baptème à la cour d'Henri IV, un marchand d'Anvers avait apporté la charge d'un cheval de perles à l'once, et que l'on pourrait me faire avec cela un habit qui sur-

passerait tous les autres du baptême, et que mon brodeur s'y offrait si je voulais lui donner six cents écus de
la façon seulement.

« Ces dames et moi résolûmes l'habillement, pour
faire lequel il ne fallait pas moins que de cinquante livres
de perles. Je voulus qu'il fût de toile d'or violette et dix
palmes qui s'entrelaceraient. Enfin, avant que de partir,
moi qui n'avais que sept cents écus en bourse, fis en-
treprendre un habillement qui me devait coûter quatorze
mille écus, et à même temps fis venir le marchand,
qui m'apporta les échantillons de ses perles, avec lequel
je conclus le prix de l'once. Il me demanda quatre mille
écus d'arrhes, et moi je le remis au lendemain matin pour
les lui donner. M. d'Épernon passa devant mon logis, qui,
sachant que j'y étais, me vint voir et me dit que bonne
compagnie venait ce soir souper et jouer dans son logis,
et qu'il me priait d'être de la partie.

« Je portai mes sept cents écus avec lesquels j'en ga-
gnai cinq mille. Le lendemain le marchand vint, je lui
donnai ses quatre mille écus d'arrhes. J'en donnai aussi
au brodeur, et poursuivis, du gain que je fis du jeu,
non-seulement d'achever de payer l'habillement et une
épée de diamants de cinq mille écus, mais j'eus encore
cinq ou six mille écus de reste pour passer mon temps. »
(*Mémoires de Bassompierre.*)

XXIII

Au moyen âge, et maintenant encore, quelques per-

sonnes attribuent au diamant et à d'autres substances
précieuses des propriétés merveilleuses. Bartholomée
l'Anglais, dans son livre *Des propriétés des choses*, s'exprime ainsi : « Cette pierre vault moult à celluy qui la
porte, contre ses ennemis et contre forcenerie, et contre
malvais songes et fantômes, et contre venin et contre les
diables, etc. » Il est inutile de faire remarquer que ces
croyances sont sans fondement.

Nous avons dit que les diamants dans leur formation et
dans leur beauté étaient le plus parfait symbole des œuvres sublimes de l'intelligence. M. Alfred de Vigny a déli-
cieusement exprimé ce symbole.

> Le diamant! c'est l'art des choses idéales,
> Et ces rayons d'argent, d'or, de pourpre et d'azur
> Ne cessent de lancer les deux lueurs égales
> Des pensers les plus beaux, de l'amour le plus pur.
> Il porte du génie et transmet les empreintes,
> Oui, de ce qui survit aux nations éteintes,
> C'est lui le plus brillant trésor et le plus dur.

Pour la formation du diamant comme pour la réalisation des œuvres de ce genre, il faut que les lois de
la nature agissent dans toute leur simplicité, dans toute
leur puissance.

Lorsque les atomes de carbone s'attirent avec symétrie pour former le diamant, il leur faut un calme
absolu ; le moindre mouvement interrompt leur arrangement et produit du graphite noir et pulvérulent au lieu
du diamant splendide qui devait naître.

De même, la moindre préoccupation trouble l'intelligence d'un homme de génie. L'homme capable de faire

de grandes découvertes est nécessairement naturel, simple et même naïf; il doit laisser agir son intelligence dans toute sa spontanéité : si elle est préoccupée par les bassesses, par les finesses, par les ruses de l'intrigue, elle perd sa puissance. Il n'est propre qu'à combler le monde de ses bienfaits.

Fig. 16. — La Victoire, tirée d'une pierre antique.

LES PIERRES PRÉCIEUSES

AUTRES QUE LE DIAMANT.

Le Corindon. — Le Rubis. — L'Émeraude. — Le Saphir. — La Topaze. — L'O-
pale. — La Turquoise. — L'Améthyste. — La Tourmaline. — Le Grenat. —
Le Lazulite ou Lapis-Lazuli. — L'Aventurine. — L'Agate.

LE CORINDON.

Le *corindon*, du mot *corund*, nom que lui donnent les Indiens, est composé d'alumine presque pure. Il est la base
de toutes les pierres précieuses dites orientales, les plus
belles et les plus estimées après le diamant. Nous racon-
tons l'histoire des principales variétés dans les pages suivantes.

D'après la couleur qu'il présente on lui donne les dénominations de rubis, d'émeraude, de saphir, etc., auxquelles on ajoute l'épithète d'*oriental*.

Il peut présenter toutes les couleurs connues ainsi que
les nuances intermédiaires. On cite dans l'inventaire des
pierreries de la couronne de France de 1791 un corindon
de forme ovale allongée pesant un peu plus de 19 carats,
estimé 6,000 francs, qui présente une particularité rare et
bien remarquable : il est bleu saphir aux deux extré-

mités, tandis que le milieu est jaune topaze. Il fait partie maintenant de la collection minéralogique du Jardin des plantes de Paris.

Le corindon comprend les minéraux les plus durs après le diamant ; aussi les variétés grossières de cette gemme sont-elles réduites en poudre et servent, sous le nom d'émeri, à polir et à tailler tous les corps, excepté le diamant.

Fig. 17. — Tête d'Auguste. Camée avec une moulure du temps de Charlemagne. (Bibliothèque impériale.)

On trouve le corindon principalement dans l'île de Ceylan, dans les monts Ilmènes en Sibérie, dans l'Inde, en Chine. Il existe aussi dans les colonies de Saint-Gothard et dans le ruisseau d'Expailly, près du Puy en Velay, où il provient des dépôts volcaniques de la contrée.

MM. Gaudin, Ebelmen, Sainte-Claire-Deville et Caron, sont parvenus à produire de petits cristaux ayant tous les caractères du genre corindon. C'est un magnifique résultat comme opération chimique. En poursuivant les essais de ces éminents chimistes on pourra arriver à des résultats pratiques imprévus.

LE RUBIS.

I

Le *beau rubis oriental* est plus rare et plus cher qu'un beau diamant. C'est un corindon coloré par l'oxyde de fer. Pour être parfait il doit être d'un rouge éclatant et foncé ; il y en a de couleur gelée de groseille et de violets. Il est souvent altéré par des reflets laiteux.

La mine de ces gemmes est perdue depuis près de cent cinquante ans, et l'on ne trouve plus de rubis que ceux qui sont entre les mains des hommes. Les plus beaux nous venaient de Ceylan, de l'Inde et de la Chine.

Le plus gros rubis que l'on connaisse appartient à l'écrin de France ; il était brut parmi les pierreries de la couronne, et l'on ne savait à quoi l'employer à cause de deux ou trois pointes qui saillaient si fort, qu'on ne pouvait les abattre sans le réduire à une grosseur ordinaire. Mais M. Gué a su faire servir ces défauts à son avantage, en le transformant en un dragon qui a été placé dans l'ordre de la Toison : il a les ailes déployées, il tient le briquet entre ses griffes, et vomit la flamme par la gueule.

Le *rubis oriental* a la réfraction double et subit la plus grande violence du feu sans altération de forme et surtout de couleur.

Le *rubis spinelle*, beaucoup plus commun, est moins riche en alumine et en couleur ; il tire sur le rouge ponceau ; sa dureté et sa pesanteur sont également moindres. Sa coloration est due à l'acide chromique.

Le *rubis balais*, troisième et dernière variété de rubis, est de couleur rouge clair ou rouge groseille, tirant parfois sur le vineux et le violet. Ses diverses nuances sont rarement bien accusées. Moins dur que le spinelle, il prend cependant un assez beau poli. A moins d'être d'une grandeur et d'une beauté hors ligne, il a peu de valeur.

II

M. Gaudin a communiqué à l'Académie des sciences un important mémoire sur la formation de ces gemmes. Il y a près de trente ans déjà qu'il a obtenu des rubis artificiels en fondant au chalumeau oxy-hydrogène l'alun ammoniacal, avec addition de cinq millièmes de chromate potassique jaune. Ces rubis étaient identiques aux rubis naturels sous le rapport de la composition chimique, de la dureté et de la couleur; mais ils manquaient de limpidité, en raison d'une cristallisation partielle qu'il n'a encore pu éviter pour les gros globules.

A cette époque il obtint aussi une géode de corindon discernable à l'œil nu et donnant le clivage sextuple particulier à ce minéral; elle avait été produite en fondant avec un chalumeau en platine dans un creuset de noir de fumée, un fragment d'alun potassique. Le chalumeau qui surplombait le creuset avait fondu pendant l'opération, si bien que plusieurs globules de platine se trouvaient implantés dans les cristaux de la géode; avant le refroidissement le globule était limpide, mais en cristallisant il était devenu creux et légèrement laiteux.

500 grammes du même alun qu'il avait remis à
M. Brongniart, pour les calciner dans le four à porcelaine de Sèvres, s'étaient transformés, au grand étonnement de ce célèbre minéralogiste, en une masse pe-
sante, à particules brillantes, qui était un véritable
corindon compacte artificiel.

M. Gaudin voulait obtenir, non des concrétions,
comme M. Ebelmen a voulu le faire depuis, en évaporant
complétement le dissolvant, mais bien des cristaux isolés en évaporant partiellement le dissolvant ou en provo-
quant un refroidissement lent, propre à accroître des
cristaux suspendus dans un liquide pâteux.

C'est à la réalisation de ces deux conditions qu'est dû
sans doute le premier succès que le savant minéralogiste
a présenté.

Pour produire des cristaux limpides d'alumine, il introduit dans un creuset ordinaire, brasqué avec du noir
de fumée, parties égales d'alun et de sulfate potassique,
préalablement calcinés et réduits en poudre, et il soumet
le creuset pendant un quart d'heure à un violent feu
de forge. En cassant le creuset, on trouve dans le creux
de la brasque une concrétion hérissée de points brillants
composée de sulfure de potassium, empâtant les cristaux
d'alumine.

III

Ce procédé ne permet pas d'obtenir des pierres colorées, à cause du pouvoir destructeur du carbone, qui

transforme en globules métalliques tous les oxydes colo-
rants.

Les cristaux sont d'autant plus gros que l'on agit sur
de plus grandes masses, et par conséquent avec une
durée de calcination plus longue. Ceux que M. Gaudin
a obtenus, avec son petit fourneau à vent, atteignent un
millimètre de côté avec une épaisseur d'un tiers de millimètre.

Leur dureté est excessive, car M. Gindreaux, habile
pierriste, a assuré qu'il les trouvait plus durs que les rubis
naturels qui lui servent pour ses trous à pivot en usage
dans l'horlogerie.

La limpidité de ces cristaux est extrême; avec un mi-
croscope de 300 diamètres, les bases de rhomboèdre
montrent des triangles équilatéraux formés par des lignes
d'une pureté exquise, et dans un de ces triangles on voit
quelquefois trois cents pierres de couleur en tables hexagonales qui sont séparées de la base même par une marge
très-pure.

D'après les recherches de M. Gaudin, c'est le sulfure
de potassium qui devient un dissolvant de l'alumine; car
on obtient les mêmes cristaux en plaçant dans la brasque
de l'alumine calcinée avec du sulfure de potassium. En
conséquence, les sulfures, les chlorures, les fluorures,
les cyanures, en un mot les composés binaires résistant
considérablement à la décomposition, à la volatilisation,
pourront nous fournir les moyens d'obtenir une foule de
cristaux insolubles. Il se peut même qu'on arrive avec
les feux alimentés par l'oxygène à trouver un dissolvant
du charbon capable de donner le diamant parfait, et cela

est si vrai, qu'en voulant produire de la silice par ces
moyens M. Gaudin a obtenu déjà un verre enfumé
exempt d'alumine et de bore, qui raye le rubis.

Il produit ce corps singulier en plaçant dans sa brasque
du silicate de potasse avec du sulfure de potassium.

Ces belles expériences, réunies à celles de MM. Ebelmen,
Sainte-Claire Deville, Caron, et aux importants travaux
de M. Despretz, de l'Institut, nous mettent sur le chemin
de la formation des gemmes les plus précieuses.

L'ÉMERAUDE.

I

Les splendides nuances de l'*émeraude* nous rappellent
la plupart des teintes variées des ondes de la mer. Lorsque l'on parcourt l'Océan dans toute son étendue, on est
frappé des différentes couleurs qu'il présente; tantôt un
bleu d'azur superbe, qui défie les plus beaux saphirs;
d'autres fois un vert admirable : on dirait de l'émeraude liquide; puis il passe par toutes les nuances que l'on peut
imaginer entre ces deux teintes principales : bleu sombre,
bleu gris, vert bleu, vert jaunâtre, vert gris, vert sombre, etc. Je me rappelle qu'avec mes compagnons au
long cours, pleins d'une profonde mélancolie, inspirée par
les vastes solitudes orageuses, nous restions quelquefois
des heures entières appuyés sur les rembardes du navire,

à contempler le magnifique spectacle que nous présentaient les flots au vert bleuâtre que nous sillonnions en fuyant, et qui ont donné leur nom à l'une des variétés les plus distinguées de la gemme que nous allons étudier à l'*aigue marine* (eau de mer).

L'émeraude est composée en général de silice 68 parties, d'alumine 12, de glucine 14. C'est une des moins dures entre les pierres précieuses, elle éclate facilement. On l'estime surtout pour sa couleur verte, suave et veloutée. Elle tire son nom du latin *smaragdus*, venant du chaldéen *samorat*, transformé en *esmeralda, émeraude.*

Les variétés d'émeraudes qui sont bleuâtres prennent le nom d'*aigues marines* ; celles qui sont d'un vert jaunâtre, celui de *béryl*. L'émeraude dite orientale est une variété de corindon hyalin d'un beau vert de prairie, avivé ou foncé, mais très-limpide et d'un velouté qui charme l'œil. Cette émeraude, qui devient de plus en plus rare, atteint le prix du diamant quand son poids dépasse 2 carats et qu'elle est parfaite.

Ces pierres précieuses se trouvent principalement dans les contrées méridionales de l'ancien monde et au Pérou. Les anciens les tiraient surtout du mont Zabaralo, situé dans la Haute-Égypte, près de la mer Rouge.

II

Une des plus belles émeraudes que l'on connaisse est celle qui servait d'ornement à la tiare du pape Jules II. Elle fut rendue à Pie VII par Napoléon, après trois cents ans de séjour dans les collections de Paris.

La plus belle des émeraudes connues est celle que l'on voit au cabinet impérial de Saint-Pétersbourg ; elle pèse 30 carats et présente une couleur et une netteté parfaites. Malheureusement on lui a donné une forme ronde surchargée de facettes dites à dentelles. Cette aberration du lapidaire lui a fait perdre la moitié de sa valeur. L'inventaire des pierres de la couronne de France fait en 1781 en signale de belles en couleur et d'un poids assez élevé, mais ayant beaucoup de défauts. Les sept principales citées n'ont pas été évaluées toutes ensemble à plus de 50,000 francs.

Il existe dans le cabinet de la Société royale de Londres une espèce d'émeraude qui, lorsqu'elle est fortement échauffée, reluit dans les ténèbres pendant un temps considérable, et de telle manière que la couleur verte de cette pierre se change en bleu turquin qui reste tant qu'elle reluit, mais qui se perd insensiblement avec cet éclat, pour laisser reparaître la couleur verte.

Il paraît qu'en donnant à cette pierre une forme concave les anciens en formaient une espèce de lorgnette. Pline raconte que Néron regardait le combat des gladiateurs avec une émeraude. Probablement que Pline se trompe comme il s'est trompé bien souvent, car l'émeraude, si mince qu'on la suppose, ne pourrait servir à cet usage. Plusieurs historiens rapportent que les masses de pierres vertes qui décoraient les temples et les édifices de Tyr, étaient des aigues-marines, espèces d'émeraudes, nous venons de le dire, dont la couleur est plus délayée, d'un vert plus clair.

La pièce la plus importante de M. Froment-Meurice, à l'exposition universelle de 1867, était le buste de l'empereur, sculpté dans une aigue-marine, et posé sur un piédouche orné de jaspe sanguin, devant lequel l'aigle impérial déploie ses ailes et se détache sur un fond de jaspe rouge semé d'étoiles de topaze, de clous de perles et bordé de rosaces d'améthystes ; à droite et à gauche deux femmes assises et appuyées sur des enfants personnifient la paix et la guerre ; les draperies de ces figures sont en argent, et les nus en cristal de roche fumé. Ce buste, dont la composition est due à M. Baltard, a été destiné à la cheminée du salon de l'empereur à l'hôtel de ville de Paris.

III

Les plus belles aigues-marines nous viennent d'Aourique, sur les frontières de la Chine. En 1829, M. Caillaud a découvert en Égypte, à sept ou huit lieues de la mer Rouge et à trente ou quarante lieues de Coceyr, de nombreuses traces d'une vaste exploitation se rattachant aux anciennes mines d'émeraudes. Il est descendu dans des puits de plus de cent mètres de profondeur, communiquant à des galeries encore plus profondes. Près de Limoges, il y a quelques années, on en a également découvert une mine très-abondante, mais d'une qualité inférieure et à demi opaque.

En parcourant l'histoire de la conquête du Nouveau-Monde, on voit que les Espagnols eurent beaucoup de peine à assujettir les Indiens appelés *los Musos*, qui habitaient alors le district où se trouve la mine d'émeraudes de ce nom. A la tête d'un corps d'arquebusiers, Lanchera parvint à briser définitivement la résistance des courageux habitants de Muso. Il découvrit dans les montagnes d'Itoca de beaux échantillons d'émeraude, et y fonda la ville qu'il a nommée Trinidad-de-los-Musos.

La mine d'émeraudes se trouve environ à une lieue à l'ouest de Muso, dans la Cordillère orientale des Andes, à 878 mètres au-dessus du niveau de la mer. Ce fut en 1568 que les Espagnols y commencèrent leurs travaux ; elles est exploitée aujourd'hui par une société de capitalistes de la Nouvelle-Grenade, à laquelle le gouvernement en a concédé le privilége, moyennant une redevance annuelle.

Les filons au milieu desquels se trouvent les émeraudes sont quelquefois formés de chaux carbonatée, lamelleuse, très-blanche, rappelant, à la transparence près, le spath d'Islande ; mais le plus souvent c'est un calcaire bitumineux contenant par-ci par-là de petits cristaux de chaux carbonatée. Les émeraudes que l'on en extrait se trouvent traversées par la gangue en deux ou trois parties différentes, ce qui modifie considérablement leur valeur, car, au lieu d'avoir une belle émeraude en un seul cristal, on ne l'obtient qu'en deux ou trois morceaux. Cependant, chose curieuse, ces cristaux divisés de la sorte, détachés de la gangue et réunis, coïncident parfaitement sur leurs faces pour ne former qu'une seule pierre. On peut facilement se rendre compte de cela en supposant que l'émeraude, au moment de sa formation, a été traversée par une partie de la gangue, et que celle-ci a dû se dilater pendant la cristallisation.

Un fait aussi très-digne de remarque est l'extrême fragilité d'une certaine espèce d'émeraude imprégnée de son *eau de carrière*. On a soin d'enfermer les cristaux à mesure qu'on les extrait, et encore tout humides, dans des vases de terre, où ils se dessèchent très-lentement. Cette précaution même ne suffit pas toujours pour les empêcher de se craqueler, et quelquefois de se rompre spontanément. M. Lewy explique ce phénomène par la brusque vaporisation de l'eau de cristallisation, ou d'un liquide quelconque, qui divise ainsi les émeraudes lorsqu'elles sont exposées au soleil au sortir de la gangue, tandis que le même effet ne se produit pas, ou du moins ne se produit que très-rarement, si l'évaporation se fait avec lenteur.

IV

Vauquelin, après avoir découvert l'oxyde de chrome dans l'émeraude, a attribué à cet oxyde la couleur verte de cette pierre; mais M. Leroi, en 1858, en publiant des recherches très-intéressantes sur le gisement, la formation et la composition des émeraudes de Muso, dans la Nouvelle-Grenade, a attribué la coloration verte de cette émeraude et en général des émeraudes, à la présence d'une matière organique volatile, qui paraît être un carbone d'hydrogène, et dont la quantité paraît croître ou décroître avec l'intensité de la nuance; cette

Fig. 18. — Condamnés aux mines.

nuance, selon lui, serait au contraire absolument inexplicable par la quantité infiniment petite d'oxyde de chrome, et tout à fait disproportionnée à l'énergie colorante que cet oxyde porte dans d'autres composés minéraux, par exemple dans le grenat ouwarowite.

Cette opinion de M. Leroi avait certainement besoin de preuves expérimentales pour être admise, car on ignore encore à quelles fonctions mystérieuses une même substance doit les colorations si souvent dissemblables qu'elle développe dans ses divers composés. Les combinaisons salines du chrome nous en offrent elles-mêmes plus d'un exemple, et s'il faut au grenat 0,25 pour arriver au ton de l'émeraude 0,003 ne suffisent-ils pas au cyanure?

Dans une note présentée à l'Académie, MM. Wolher et Rose exposent les opérations qu'ils ont exécutées pour résoudre la question.

Ils ont d'abord maintenu pendant une heure à la température de fusion du cuivre un fragment d'émeraude de Muso, pesant 7 grammes, et coloré en vert assez foncé pour voir si la coloration disparaîtrait en même temps que la matière organique. La coloration n'a pas disparu, l'échantillon est seulement devenu opaque.

Ils ont ensuite fondu 7 grammes de verre incolore avec 13 milligrammes d'oxyde de chrome, et ils ont obtenu un verre transparent homogène, et présentant un vert identique à celui de l'émeraude analysée. Il paraît donc prouvé, d'après ces expériences, que treize parties d'oxyde de chrome sont suffisantes pour communiquer à sept mille parties d'un silicate une couleur verte très-

foncée. MM. Wolher et Rose n'hésitent pas par conséquent à admettre que la couleur de l'émeraude est due
à l'oxyde de chrome, sans cependant contester l'exis-
tance d'une matière organique dans ce minéral.

Depuis longtemps déjà on imitait parfaitement l'émeraude avec du verre coloré par l'oxyde de chrome. C'est
la pierre précieuse que l'art est parvenu à imiter avec le
plus de succès.

On taille l'émeraude en tables carrées, simplement bi-
seautées sur les bords ; on la monte à jour quand la teinte
est franche, et sur pavillon, quand elle est faible en couleur ou que l'on veut assortir toutes les teintes d'une parure complète.

LE SAPHIR.

Le *saphir oriental,* composé d'alumine presque pure
est ordinairement d'un bleu très-foncé et très-velouté,
mais il s'en trouve aussi d'un bleu pâle très-éclatant ; il y
en a même de blancs. Il doit sa couleur bleue, comme le
rubis sa couleur rouge, à l'oxyde de fer. Il est assez curieux que le même oxyde produise ainsi deux couleurs
si différentes.

Cette pierre est magnifique au grand jour, mais à la
lumière elle perd sa vivacité, elle s'éteint et prend une
couleur terne, sombre et livide, approchant de celle de
l'encre ; c'est ce qui fait que les femmes n'en portent pas

ou qu'elles préfèrent le saphir du bleu le plus pâle, parce qu'il conserve son éclat à la lumière.

Chez les Grecs il était consacré à Jupiter, et le grand-prêtre ne portait point d'autre pierre précieuse.

Un saphir de 6 carats coûte de quinze cents à dix-huit cents francs. Un des plus beaux saphirs connus est celui qui fut donné'à M. Weiss par le Muséum de Paris, en échange d'une collection de minéraux ; cette belle pierre, que l'on a fait tailler depuis, vaut, dit-on, 1,200,000 francs. On cite également les deux gros saphirs appartenant à Miss Burdett-Coutts, que l'on a pu admirer à l'exposition universelle de 1855. Ils sont évalués à 750,000 fr.

LA TOPAZE.

I

La *topaze* est une pierre précieuse qui tire son nom du grec *topazos*, île de la mer Rouge où elle se trouvait. Elle est composée de silice et d'alumine unie à du fluorure d'aluminium.

Cette gemme est vitreuse, brillante, ordinairement d'un beau jaune d'or, quelquefois rosâtre et bleuâtre.

Il existe une espèce de topaze dont la teinte est peu constante et des plus singulières : lorsqu'on l'expose dans un petit creuset rempli de cendre, sur un feu gradué, mais jusqu'à faire rougir le creuset, elle perd sa couleur jaune orange et prend une belle teinte rosée. On la nomme alors *topaze brûlée*. Ce procédé fut découvert par Dumelle, joaillier de Paris, en 1750. M. Barbot a simplifié ce procédé. Il enveloppait tout simplement la pierre dans un morceau d'amadou, et cerclant avec du fil de laiton, il mettait le feu à l'amadou, et quand celui-ci était est consumé, la topaze se trouvait rose. Le poli de la gemme n'est nullement altéré par cette opération, l'on a qu'à l'essuyer pour lui rendre son feu. Plus la pierre est jaune foncé, plus le rose est coloré et souvent vineux, ce qui la fait ressembler au rubis balais, avec lequel elle est quelquefois confondue.

La topaze était la deuxième pierre du premier rang sur le rational du grand prêtre des Juifs; on y gravait le nom de la tribu de Siméon.

Les anciens regardaient cette gemme comme utile contre l'épilepsie, la mélancolie, etc. La chaleur, le frottement, la pression, la rendent électrique.

II

Il y a une dixaine d'années, je fus invité à examiner avec plusieurs savants une pierre précieuse très-curieuse, regardée par quelques personnes comme étant le plus beau diamant du monde; plusieurs journaux même en avaient parlé sur ce ton. La nature de cette gemme était assez difficile à déterminer; cependant on ne tarda pas à la classer dans l'une des variétés de topazes.

L'anxieux possesseur de cette gemme douteuse, qui s'était vu dans l'alternative de posséder plusieurs millions
ou presque rien, ne voulut pas s'en tenir à l'appréciation
des savants français; il alla porter son trésor en Allemagne, et quelque temps après M. le secrétaire perpétuel de l'Académie lut l'extrait suivant d'une lettre qui
lui était adressée de Vienne par M. Haidinger, lettre qui
a fait disparaître toute illusion.

« Le volume de la pierre, qui du reste est très-bien
taillée d'après la forme du Régent ou Pitt, est vraiment
bien remarquable, sa hauteur étant de 43 millimètres
sur 53 millimètres de diamètre, son poids de 168 grammes,
ou 819 carats. Transparence parfaite, couleur tirant tant
soit peu sur le bleu. Parmi les substances transparentes,
la réfraction simple pouvait accuser le diamant ou pierre
de strass; la réfraction double, le cristal de roche, le béryl
blanc ou la topaze. Je commençai donc par examiner la
pierre sous le point de vue de cette propriété physique
si facile à saisir. Je regardai la flamme d'une bougie à
travers deux facettes artificielles considérablement inclinées entre elles sous un angle entre 40 et 45 degrés, savoir : le grand octogone parallèle à la base, la table du
brillant et une des facettes inclinées sur le sommet inférieur, nommées les *pavillons* par nos lapidaires. On distinguait facilement les deux images de la flamme colorées
par réfraction, placées l'une à côté de l'autre, et polarisées perpendiculairement l'une sur l'autre, lorsqu'on les
regardait à travers une plaque de tourmaline.

« Tous les membres de la commission, et le possesseur
de la pierre, ont vu les deux images. Il ne pouvait plus

être question ni de diamant, ni d'autre substance à réfraction simple. La propriété physique la plus parlante
restait à présent : la pesanteur spécifique. On l'a trouvée,
en pleine commission, égale à 3,57, quoiqu'en employant
une balance assez peu délicate, et en attachant la pierre
par un fil pour la peser dans l'eau. Ce résultat s'accorde
néanmoins très-bien avec le chiffre de 3,56 cité dans le
rapport de l'Athénée, et pris sans doute avec un peu
plus de précaution. Enfin la dureté se trouva sensiblement égale à celle de la topaze, vu que les deux substances se rayaient l'une l'autre. Il ne pouvait rester le
moindre doute sur la nature de la pierre : elle était une
topaze. Au lieu de plusieurs millions, les joailliers ne lui
accordaient qu'une valeur de 50 à 100 florins, ou 125 à
250 francs, encore seulement comme pièce de curiosité. »

Je me suis demandé ensuite si cette topaze n'aurait
pas quelque analogie avec le fameux diamant du roi de
Portugal, conservé brut dans un écrin qui n'est pas livré
au regard du public, et que l'on aurait taillé. Ce diamant,
qui serait sans contredit le plus gros diamant connu,
pèserait brut, d'après M. Ferry, 1730 carats ; il est estimé
par les diamantaires du Brésil sept milliards cinq cent
millions. Malheureusement on prétend que c'est une topaze ! dit M. Barbot (1). Autant que je puis me le rappeler, le porteur de la pierre était un colonel espagnol ou
portugais en retraite. Il s'est sans doute bien gardé de
dire à Vienne le jugement que l'on avait porté sur sa
gemme à Paris. Nous comprenons sa réserve, car il va-

(1) *Guide pratique du joaillier*, p. 254.

Fig. 19. — Grotte de topazes dans les glaciers des Alpes.

lait bien la peine de s'assurer deux fois si cette pierre valait quelques centaines de millions ou seulement quelques centaines de francs.

III

Il y a quelques mois seulement on a découvert dans les glaciers des Alpes un gisement de topazes brûlées, sur lesquelles nous pouvons donner des détails précis d'après une correspondance que nous croyons des mieux informées : Il existe en ce moment à Berne une collection de *morions*, ou cristaux enfumés, d'une grande beauté, qui proviennent de fouilles récemment faites près du glacier Tiefengletscher, sur le territoire du canton d'Uri. Les spécimens exposés sont en partie destinés au cabinet d'histoire naturelle de Berne, et à d'autres musées scientifiques de la Suisse et de l'étranger. Pour donner une idée de la valeur de ces produits minéralogiques, il suffit de dire que dans cette collection figurent deux morions du poids de plus de 125 kilogrammes ainsi que plusieurs autres pesant de 25 à 105 kilogrammes : parmi ces derniers on remarque un bloc qui se termine en pointes pyramidales à ses deux extrémités, ce qui indiquerait qu'il s'est formé sans base fixe, c'est-à-dire que le phénomène de la cristallisation s'est exceptionnellement produit, à l'état de suspension, dans un milieu liquide. La grotte où ont été recueillies ces richesses minéralogiques est située à l'est du pic de Galenstock.

La découverte est due à M. Lindet, pharmacien de

Berne, qui, dans une ascension au glacier du Tiefengletscher, au mois de septembre 1867, avait remarqué, dans
la paroi de la montagne un gisement de quartz blanc
d'une grande dimension. Il n'eut pas le temps de l'examiner de près; mais quinze jours plus tard le guide
André Subzer, qui avait accompagné M. Lindet lors de
son ascension, entreprit, avec de grands efforts et au
péril de sa vie, de pénétrer jusqu'à ce gisement, dans la
pensée d'y trouver des cristaux de roche; il aperçut, en
effet, dans la partie supérieure de la veine de quartz
quelques petits trous ronds, d'où il parvint à extraire du
sable fin et quelques morceaux de cristal de roche noir.
Au retour de cette exploration, huit ou dix montagnards
de Guttanen, munis des outils nécessaires, se rendirent à
l'endroit indiqué, et, après avoir fait sauter quelques roches à l'aide de la mine, découvrirent une grotte remplie
de sable et de déblais, mais parfaitement sèche : c'est là
que gisaient, à l'état libre, une masse de cristaux de toutes
grandeurs, notamment des blocs de cent à cent cinquante
kilogrammes, dont le poids total pouvait être de huit à
neuf mille kilogrammes. Il a fallu de grands efforts pour
effectuer le transport de ces blocs sur un espace d'une lieue
demie, à travers le glacier crevassé du Tiefengletscher
et sa moraine, avant d'atteindre les pâturages abruptes
qui conduisent à la route de la Furca. L'exploitation de
la grotte n'a donné que des cristaux du plus beau noir
ou couleur fumée; et comme le caprice de la mode fait
rechercher en ce moment les bijoux de cristal de cette
teinte, les habitants de Guttanen considèrent cette découverte comme une source importante de bénéfice.

L'OPALE.

L'*opale orientale*, principalement composée de silice, est une gemme laiteuse et opaque qui n'est point brillante, mais qui a toutes les couleurs de l'arc-en-ciel répandues sur sa surface, de façon à ce qu'elles changent de place et se succèdent rapidement l'une à l'autre lorsqu'on la remue ; ce qui donne un admirable jeu de lumière, un éclat splendide.

L'opale est très-tendre, surtout lorsqu'elle a de l'épaisseur et de l'étendue, et que ses couleurs jouent également bien partout. Elle ne fond pas au chalumeau, elle décrépite, éclate et perd ses couleurs. On ne la taille jamais en facettes, mais seulement en goutte de suif, c'est-à-dire en cabochon dessus et dessous, comme une amande.

Cette gemme craint la chaleur et le froid ; elle ne conserve sa beauté que dans le milieu de ces deux extrêmes. On pourrait l'appeler la sensitive du monde minéral. Il est vrai qu'on l'expose souvent aux rayons du soleil pour en faire ressortir les feux ; mais il y en a qui ont perdu toute leur beauté, toute leur valeur pour y être restées trop longtemps. Les mêmes accidents se sont produits sous l'influence d'un froid intense et prolongé. Ces différences de température suffisent pour modifier sa constitution.

Cette pierre précieuse était en très-grande estime chez les Romains. Le sénateur Nonnius, dans le temps du sécond triumvirat, portait en bague à son doigt une opale d'une grosseur prodigieuse, si parfaite et si belle qu'elle était estimée environ deux millions de notre monnaie. Il était tellement attaché à cette pierre, qu'il aima mieux se laisser condamner à l'exil et abandonner tous ses biens, plutôt que de la vendre ou de la donner à Marc-Antoine, qui voulait en faire présent à Cléopâtre.

Le trésor de la couronne de France en possède deux très-remarquables par leurs dimensions et par leur rare beauté : l'une est placée au centre de l'ordre de la Toison d'or, l'autre forme l'agrafe du manteau impérial ; elles ont été achetées 75,000 fr. La plus belle opale connue en Europe est au musée de Vienne : elle a été trouvée il y a plusieurs siècles dans les mines de Czernowicz, et l'on en a refusé, dit-on, un million de francs.

Une espèce d'opale très-singulière et extrêmement rare est l'*astérie;* elle n'a pas toutes les petites lueurs de l'opale proprement dite, mais elle a de grandes lames de lumière qui ondulent avec éclat sur sa surface, à peu près comme l'éclair lorsqu'il perce la nue. Cet éclat joint à son fond de couleur, d'un rouge très-foncé, semé de petits points comme l'aventurine, excepté que ces points sont blancs et que ceux de l'aventurine sont d'or, en fait quelque chose de délicieux, qui lui a fait donner le nom de *pierre de soleil.*

Cependant, il est à remarquer que si on ne l'approche pas du grand jour ou de la lumière, ou si on ne la remue pas, on n'aperçoit aucune ondulation, elle paraît couleur marron, sans aucun agrément pour la vue.

LA TURQUOISE.

La *turquoise* est une pierre précieuse d'un bleu opaque; dans le moyen-âge on lui avait donné le nom de *turchis*, ou *pierre de Turquie*.

On en distingue de deux espèces :

La *turquoise de vieille roche*, que l'on appelle aussi *turquoise pierreuse* ou *calaïte;* on la trouve en rognons ou en petites veines ; elle se compose de phosphate d'alumine, coloré par un peu d'oxyde de cuivre.

L'autre espèce, que l'on appelle *turquoise de nouvelle roche*, *turquoise osseuse* ou *odontolite*, provient des dents ou des os de mammifère enfouis dans le sein de la terre, et accidentellement colorés en bleu verdâtre; elle est beaucoup moins dure et moins estimée.

On imite parfaitement la turquoise par des émaux.

L'AMÉTHYSTE.

Améthyste vient du grec *améthystos*, formé de *a* privatif, et de *méthe*, ivresse, parce que les anciens attribuaient à cette pierre la propriété de préserver de l'ivresse; c'est pour cela qu'ils gravaient sur les coupes luxueuses faites avec ce précieux minéral les formes de Bacchus et de Silène.

L'améthyste est une gemme appartenant au quartz

transparent, coloré par l'oxyde de manganèse d'une belle couleur violette pourprée ; elle est d'un éclat splendide, d'une teinte admirable, susceptible d'un très-beau poli ; elle s'harmonise fort bien avec l'or et le diamant ; elle est très-estimée.

Les plus belles améthystes viennent des Indes, des Asturies, du Brésil, de la Sibérie ; on en trouve aussi en France, surtout dans les Hautes-Alpes, et en Allemagne. Elles se montrent en général dans les montagnes métalliques et toujours unies au quartz et à l'agate.

On en fait des colliers, des bagues, des pendants d'oreilles, des camées, etc. L'améthyste orientale se taille presque toujours de forme ovale très-épaisse, la table large et en goutte de suif, avec deux rangs de facettes entrecroisés autour, le dessous en brillant recoupé.

Cette gemme était une des douze pierres qui composaient le pectoral du grand prêtre des Juifs ; le nom d'Issacar y était gravé. Sa couleur est aussi le signe caractéristique de la dignité des évêques de l'église chrétienne ; elle est adoptée pour orner leur anneau pastoral, ce qui l'a fait nommer *pierre d'évêque*.

LA TOURMALINE.

La *tourmaline* est une pierre précieuse qui s'appelle aussi *aimant de Ceylan*, *schorl électrique*, *aphrisite* ; elle est composée de silice, d'alumine et d'oxyde ferrique, avec des quantités variables d'oxyde borique, de potasse et de magnésie. C'est un des minéraux les plus anciennement connus.

Il existe plusieurs variétés de tourmalines; elles sont ordinairement noires : les rouges s'appellent *rubellites;* les bleues, *indicolites;* les vertes, *émeraudes du Brésil.*

Les tourmalines deviennent électriques quand on les échauffe; elles présentent alors un fait remarquable : une de leurs extrémités s'électrise positivement, tandis que l'autre s'électrise négativement.

Elles polarisent la lumière; lorsqu'on reçoit un rayon de lumière à travers deux plaques de tourmaline taillées parallèlement à l'axe et croisées à angle droit, la partie du croisement est obscure. Les physiciens font usage de cette propriété pour étudier la nature de la double réfraction dans les cristaux.

LE GRENAT.

Le *grenat*, employé en bijouterie comme pierre fine, est essentiellement composé de silice et d'alumine; mais ces substances y sont souvent unies au fer, à la chaux, au manganèse et à la magnésie.

Les grenats sont pour la plupart rouges vifs et vermeils; quelquefois coquelicots, orangés, jaunâtres, verdâtres et bruns noirs.

Certains grenats couleur de sang brun, exposés à la

lumière, paraissent comme des charbons embrasés; le grenat violacé est regardé comme le plus parfait, c'est aussi le plus estimé.

Les grenats de Bohème sont d'un rouge vineux, de couleur forte, qu'ils ne perdent que très-difficilement par le feu; on les emploie dans la bijouterie en mettant une feuille d'argent par-dessous pour leur donner plus de vivacité.

Celui qui est d'un rouge de feu très-vif est probablement l'escarboucle des anciens, qui, à ce qu'ils prétendaient, étincelait de lumière dans l'obscurité.

LE LAZULITE OU LAPIS-LAZULI.

Le *lazulite* ou *lapis-lazuli*, que l'on appelle vulgairement *pierre d'azur*, est une pierre précieuse d'un bleu magnifique, souvent parsemée de taches d'or, produites par des parcelles pyriteuses.

Elle se compose d'alumine, de soude et de silice, avec une petite quantité de soufre. Elle est opaque, à grains serrés; elle raye le verre et étincelle sous le briquet. Elle provient principalement de la Perse et des environs du lac Baïkal, en Sibérie.

Cette pierre sert à faire des ornements, des vases, des mosaïques; on en décore les bijoux, les bracelets et autres objets d'art. Le plus beau lazulite est réservé pour la gravure, la bijouterie et la mosaïque dites de *Florence;*

celui qui est moins riche en couleur sert quelquefois pour la décoration des appartements du plus grand luxe. Les salles du palais Orloff, à Saint-Pétersbourg, sont incrustées en entier avec le lazulite de la Grande-Boukharie.

La partie colorante de cette pierre donne le beau bleu appelé *d'outre-mer*, parce qu'on l'apportait du levant. On l'obtient par une préparation chimique, qui est une sorte de savonnage.

Cette gemme exposée à l'action d'un grand feu se fond en une masse d'un noir jaunâtre; si elle est seulement calcinée, elle se décolore par les acides minéraux énergiques et forme alors une gelée.

Il existe de très-gros morceaux de lazulite, mais presque toujours parsemés de matières étrangères; aussi ceux qui sont parfaitement purs ayant une certaine étendue atteignent-ils un prix très-élevé.

Le trésor de la couronne possède en lapis une magnifique coupe en forme de nacelle, estimée 200,000 francs; une cuvette de 8,000 francs; un sabre dont le manche est en lapis, donné à Louis XVI par Tippou-Saïb, est estimé 6,000 francs; trois chapelets, ensemble 3,000 fr., etc.

L'AVENTURINE.

I

L'*aventurine* est une variété de quartz grenu, demi

transparente, colorée en rouge brun ou en jaune, offrant dans l'intérieur des points brillants qui ont l'apparence de paillettes d'or. Il y en a également dont le fond est blanc rougeâtre, grisâtre ou verdâtre; cette dernière offre des points blancs.

On distingue deux espèces d'aventurines naturelles. L'une dont les étincelles sont produites par des paillettes de mica jaune, bien connu sous le nom de talc de Moscovie : c'est la plus commune. On la trouvait autrefois sur les bords de la mer Blanche, et maintenant on la rencontre assez souvent dans certaines mines en Silésie, en Bohème, en France et en Sibérie.

La seconde espèce et la plus estimée se trouve en Espagne et en Écosse. Les points lumineux qu'elle présente, sont plus petits et plus brillants et ne sont point formés par des parcelles de mica répandues dans la pâte, mais par une multitude de petites fentes, de petites fissures fonctionnant comme celles de l'opale, et n'effleurant que la surface de la pierre; elles n'ont qu'une seule réflexion, et ne présentent que la couleur jaune d'or.

On a également donné le nom d'aventurine à une variété de feldspath présentant les mêmes caractères extérieurs que la précédente. Il arrive quelquefois que les vendeurs font passer l'une pour l'autre, bien que la différence de dureté puisse toujours les faire distinguer.

Un grand nombre de pierres de natures différentes présentent des points métalliques disséminés uniformément dans leur intérieur; dans ce cas, on ajoute à leur nom particulier celui d'*aventurinée*.

II

Beaucoup d'essais ont eu lieu pour arriver à produire des aventurines artificielles, surtout depuis que Venise connaissait le secret d'en faire de magnifiques. Venise devait son aventurine à l'heureuse maladresse d'un ouvrier qui laissa tomber, par *aventure*, un peu de limaille dans un creuset contenant du verre en fusion. Il fut séduit par l'éclat de ce mélange, qu'il appela *aventurine;* nom que l'on a donné depuis au genre de pierres naturelles qui ont de l'analogie avec l'aventurine artificielle.

Le secret de cette fabrication était religieusement gardé et se transmettait de génération en génération. Cependant, un Français, Lebaillif, essaya de l'imiter; mais il n'y parvint que très-incomplètement. Miotti fut plus heureux dans ses essais, car il obtint une aventurine qui rivalisa avec celle de Venise. Il acquit par cette découverte une immense fortune, et emporta son secret dans la tombe. M. Riboglio, de Venise, après d'incessantes recherches, est arrivé à composer une aventurine dont plusieurs blocs ont été admirés à l'exposition universelle de 1855. C'est une des plus heureuses imitations que l'art ait produites. Elle entre dans la fabrication d'une multitude d'ouvrages de luxe et de bon goût.

MM. Fremy et Clémandot ont obtenu de beaux échantillons d'aventurine en chauffant pendant douze heures un mélange de 300 parties de verre pilé, de 40 parties de protoxyde de cuivre, et de 80 parties d'oxyde de fer des battitures, puis en laissant refroidir très-lentement ce mélange.

La nouvelle aventurine, découverte par M. Pelouze, est comparable à la plus belle aventurine de Venise. Le verre est étoilé de cristaux du brillant le plus vif; les innombrables paillettes ont des lumières métalliques de l'effet le plus éclatant. Plus dure que l'aventurine de Venise, elle raye et coupe facilement le verre. Voici la formule que M. Pelouze a présentée comme donnant les meilleurs résultats : 250 parties de sable, 100 de carbonate de soude, 50 de carbonate de chaux et 40 de bichromate de potasse. Le verre qui est obtenu de ce mélange contient de 6 à 7 p. 100 d'oxyde de chrome, dont la moitié environ est combinée avec le verre, et l'autre moitié reste à l'état libre, sous forme de cristaux en paillettes étincelantes.

Les lapidaires qui ont vu les premiers échantillons de cette nouvelle aventurine artificielle, et qui leur ont fait subir les opérations de la taille, s'accordent à penser que, la mode aidant, elle constituera une importante acquisition pour leur industrie.

Les diverses compositions de l'aventurine sont aujourd'hui bien connues; cependant elle demeure toujours à un prix élevé, à cause des soins que réclame sa fabrication. La principale difficulté à vaincre consiste dans le *tour de main*, qui répartit également la multitude des paillettes dans toute la masse, aussi bien à l'intérieur qu'à l'extérieur, en évitant les agglomérations partielles.

L'AGATE.

I

L'*agate* est une pierre translucide, étincelant sous le briquet, rayant facilement le verre, ornée de couleurs vives et variées. Elle a pour base la silice. C'est une variété de quartz renfermant tous ceux qui n'ont pas l'aspect vitreux. Son nom vient d'*Achates*, fleuve de Sicile, sur les bords duquel on trouvait ces gemmes.

Les agates prennent différents noms, suivant la diversité de leurs couleurs. Lorsqu'elles affectent la belle nuance de rouge cerise, on les appelle *cornalines ;* la couleur orange plus ou moins foncée leur fait donner le nom de *sardoine*. La sardoine est très-anciennement connue : Mithridate en avait une collection de quatre mille ; elle était également très-estimée, car Polycrate, tyran de Samos, en jeta une dans la mer comme ce qu'il avait de plus précieux, afin de faire un sacrifice à la Fortune, qui l'accablait de ses faveurs. Cette pierre fut retrouvée dans les entrailles d'un poisson.

Lorsque les agates sont colorées en vert tendre, elles prennent le nom d'*aphrases* ou de *chrysophrases ;* en vert foncé, celui d'*héliotropes ;* en bleu de ciel, celui de *saphirines ;* on leur donne le nom de *calcédoines* lorsqu'elles sont nébuleuses, blanchâtres, laiteuses ou bleuâtres. On les appelle *herborisées* ou *arborisées* lorsqu'elles offrent dans l'intérieur de leur pâte des représentations d'herbes ou d'arbres, et mousseuses lorsqu'elles semblent renfermer de la mousse. Ces phénomènes sont produits par différents métaux à l'état d'oxyde, tels que le fer ou

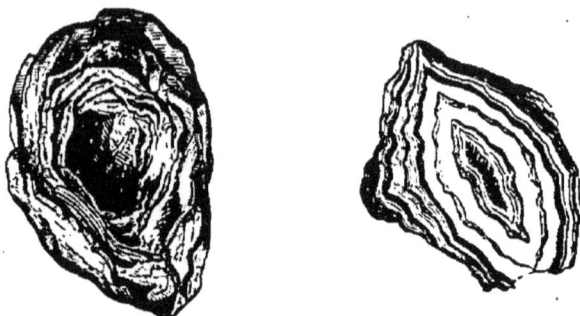

Fig. 20 et 21. — Géodes.

le manganèse, qui, dissous dans un fluide, ont pénétré lentement ces agates lors de leur formation.

Cette gemme se rencontre quelquefois en boules pleines de quartz hyalin (cristal de roche), de diverses nuances. Sciées transversalement, elles représentent des espèces de bastions, que leur régularité a souvent fait rechercher pour les collections.

L'agate se trouve aussi en boules creuses, dont les parois sont tapissées de cristaux colorés ou remplies d'une substance terreuse, ou renferment un noyau solide de craie. On désigne cette variété sous le nom de *géode*. D'autres fois ces boules creuses sont remplies d'eau. (Fig. 20 et 21.)

On appelle *onyx* (d'un mot grec qui veut dire ongle) une variété d'agate dont la couleur approche de celle de l'ongle. On donne aussi ce nom à celles qui sont remarquables par la vivacité de leurs couleurs et par la régularité de leurs zones, tantôt droites et parallèles, tantôt ondulées ou concentriques. Quelquefois la disposition des zones leur imprime une grande ressemblance avec la prunelle de l'œil, et lui fait donner le nom d'*agate œillée*.

Sous la main du graveur, ces variétés servent à faire les plus beaux camées. Les anciens, qui ont excellé dans la gravure sur pierres fines, se sont surtout servis de magnifiques onyx, qu'ils faisaient venir de l'Arabie et de l'Inde. L'extrême dureté et la finesse de ces pierres leur ont mérité le titre d'*onyx oriental*.

Fig. 22. — Constantin. Agate. (Bibliothèque impériale.)

II

Les agates présentent des veines de différentes couleurs, transparentes ou opaques. L'art est parvenu à décolorer ces pierres comme aussi à les enrichir de diverses nuances.

On les blanchit en les plongeant dans de l'acide hydrochlorique, que l'on porte au degré de l'ébullition pour rendre son action plus vive et plus complète.

On peut les colorer par deux procédés différents. Le premier est dû aux Indiens.

Les Indiens colorent artificiellement les agates en les faisant d'abord bouillir dans de l'huile, et ensuite, dans de l'acide sulfurique. L'ébullition a pour effet de chasser l'air contenu dans les pores, et l'huile qui s'y est introduite étant brûlée par l'acide sulfurique, il se développe une belle couleur noire qui règne dans les veines opaques, tandis que les veines transparentes restent sans altération, et que d'autres passent à une blancheur plus éclatante ; d'où résultent les contrastes qui ajoutent tant à la valeur de ces gemmes. Les veines opaques se trouvant seules colorées, il paraît qu'elles sont beaucoup plus poreuses que les autres, qui s'opposent à l'introduction de toute couleur.

Le deuxième procédé consiste à mettre sous le récipient de la machine pneumatique un vase contenant de l'huile chaude et les pierres qu'il s'agit de colorer. On fait le vide ; l'huile va remplacer les bulles d'air qui se dégagent à l'instant des pores des agates. On rend l'air, on reprend les agates, alors pénétrées d'huile, et on les met dans de l'acide sulfurique concentré, qui pénètre également la pierre, brûle l'huile et dépose le charbon jusqu'à deux millimètres de profondeur.

Le prix de l'agate varie beaucoup, suivant son degré de beauté et d'originalité ; celle d'Allemagne se vend à l'état brut 8 à 12 francs le kilogramme. Un travail bien approprié et bien réussi lui donne une valeur considérable.

L'agate s'emploie à divers usages ; on en fait des

vases, des bagues, des crochets, des manches de couteau
et de fourchette, des chapelets, des boîtes, des salières,
des cassolettes et quantité d'autres bijoux. Elle se taille,

Fig. 23. — Coupe d'agate du IXᵉ siècle, conservée à la Bibliothèque impériale.

se scie, se polit et se grave plus ou moins facilement, selon le degré de dureté qu'elle possède.

On cite comme objet d'art en agate un magnifique plateau de cabaret ayant appartenu au roi de Pologne, pouvant contenir six tasses; puis quelques magnificences appartenant à la couronne de France : cinquante-six coupes, dix tasses, quatre urnes, quatre chandeliers, quatre bustes, deux aiguières, deux cuvettes, deux vases, deux jattes, deux soucoupes, une burette, une bobêche, d'une valeur de près de cinq cent mille francs. On compte également plusieurs camées célèbres gravés sur agates orientales, entre autres un buste d'Alexandre, une *Mort de Cléopâtre*, un sphinx, un Neptune, etc.

Fig. 24. — Psyché. Gemme antique.

LA NACRE ET LA PERLE.

I

Tout le monde connaît la perle, suave création de la
nature, qui réunit en elle la beauté de la forme, la
teinte et les reflets doux et opalins, l'éclat voilé qui
s'harmonise avec toutes les carnations.

Des ornements divers recherchés par la femme c'est
celui qui convient le mieux à la jeunesse, à la beauté
simple et sans apprêt. L'art ne peut rien ajouter à ce
chef-d'œuvre des mers; au contraire, vouloir augmenter sa beauté c'est l'amoindrir.

On comprend que la curiosité soit naturellement excitée
à pénétrer les mystères de ces larmes imbibées d'un rayon
de soleil; la science est parvenue à les dévoiler.

Plusieurs espèces de moules ou d'huîtres peuplant les
mers et les eaux douces sécrètent une matière cornée et

calcaire, c'est-à-dire animale et minérale, qu'elles appliquent aux parois du coquillage pendant les périodes de la croissance ; elles forment ainsi cette riche substance connue sous le nom de *nacre*, de l'arabe *nakar*, qui veut dire *coquille*.

Mais lorsque cette substance est très-abondante, elle forme des gouttelettes, de petites boules adhérant parfois à l'intérieur des valves, ou logées dans la partie charnue du mollusque ; dans ce cas elles sont d'une forme plus sphérique, s'augmentant chaque année d'une couche de matière nacrée ; elles restent brillantes, translucides et dures : ce sont les *perles fines*.

II

La formation des perles est souvent provoquée par diverses causes qui produisent chez le mollusque une surabondante sécrétion de la substance nacrée.

Ainsi, lorsqu'il est attaqué par les vers marins, qui percent lentement la coquille, il repousse l'invasion en sécrétant une plus grande quantité de matière à nacre, pour en épaissir son enveloppe.

Il est probable que l'excès de la substance non appliquée aux coquilles, s'agglomère en petites parties qui deviennent denses et donnent naissance à diverses formations plus ou moins sphériques, suivant les lieux où elles se déposent. Ces formations de perles croissent en grosseur chaque année, comme on peut le voir facilement par les couches concentriques qui les composent.

Il arrive aussi qu'un grain de sable, un œuf de poisson, etc., glissant furtivement dans la coquille entr'ouverte, et se plaçant de manière à ne pas être expulsés, se couvrent, à l'époque de la sécrétion, d'une première enveloppe nacrée et forment ainsi le rudiment d'une perle.

On a cherché, surtout dans l'Inde et en Chine, à mettre à profit cette observation; on y a essayé depuis longtemps de faire produire aux huîtres des perles plus grosses, en introduisant des éclats de coquille ou des grains de verre dans les valves entr'ouvertes, ou encore en touchant le mollusque avec une tarière fine à travers sa coquille; mais jusqu'à présent les lenteurs, les difficultés que présente ce stratagème n'ont pas été compensées par les résultats obtenus.

On voit donc que la nacre et la perle sont formées de la même substance, et ne diffèrent que par la disposition des couches. Dans la nacre les couches sont planes, tandis que sur les perles les couches sont courbes et concentriques; cette dernière structure fait réfléchir à la surface les rayons lumineux, de manière à la rendre d'un brillant argentin à la fois mat et chatoyant, doux et agréable à l'œil.

Un morceau de nacre arrondi artificiellement comme une perle ne saurait avoir cet éclat donné par le travail lent de la nature.

La nacre doit le brillant éclat qui en fait tout le mérite à de petites couches d'air extrêmement minces qui restent enfermées entre les couches calcaires et transparentes dont elle est composée.

On distingue dans le commerce la *nacre franche*, qui vient de l'Inde, de Ceylan et du Japon ; elle se tire d'une coquille bivalve, aplatie et légèrement concave, dont l'intérieur est d'un blanc éclatant, sauf que la partie nacrée est bordée par une ligne bleuâtre, enveloppée elle-même par une bande jaune verdâtre un peu large.

La *nacre bâtarde blanche*, qui vient du Levant : l'intérieur de la coquille qui la produit est solide et d'un blanc bleuâtre ; le tour offre une couleur jaune, quelquefois verdâtre ; son iris se compose de rouge et de vert.

La *nacre bâtarde noire*, d'un blanc bleu et noirâtre très-remarquable : son iris se compose de rouge, de bleu et d'un peu de vert.

L'*oreille de mer* ou *haliotide*, qui se trouve dans toutes les mers, et la *burgandine*, qui vient des Antilles.

III

Tout le monde connaît les capricieuses transformations que l'art fait revêtir à cette substance, depuis le simple bouton de manchette jusqu'à la poignée des épées de luxe. On en fait un grand usage dans les ouvrages de marqueterie, de tabletterie fine, de bijouterie ; on s'en sert pour couvrir des boîtes et des tabatières, pour faire des étuis, des dés, des éventails, des jetons, etc.

Les écailles de nacre destinées aux meubles, aux bijoux, sont extraites en général des grosses huîtres des mers des Indes orientales et occidentales de l'espèce des *pintadines mère perle* (fig. 25 et 26).

La surface externe de ces coquillages est rugueuse;
mais dès que cette superficie est enlevée, on obtient des
plaques de nacre plus ou moins épaisses, suivant l'âge

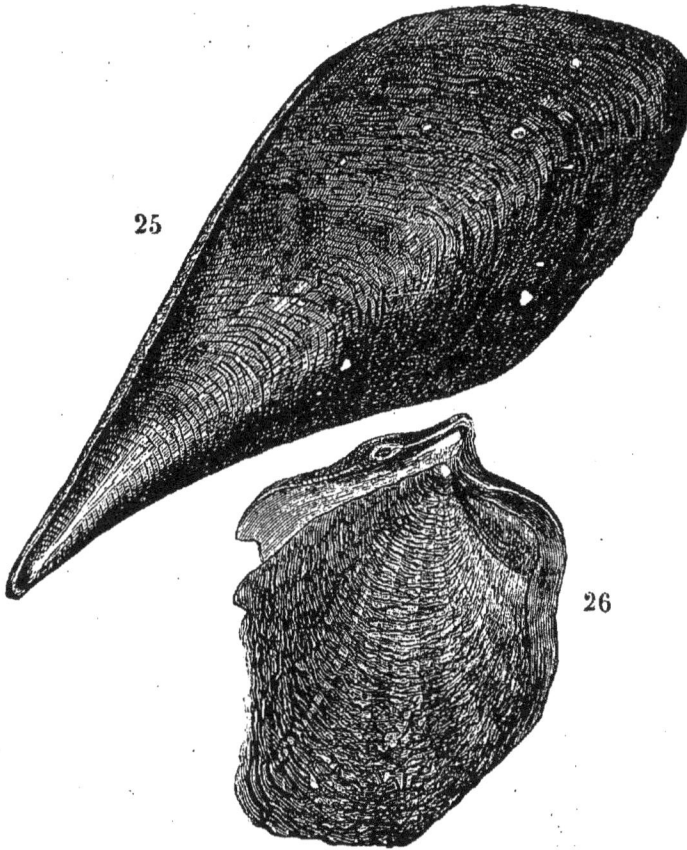

Fig. 25. — Pinne de la Méditerranée.   Fig. 26. — Pintadine mère perle.

des huîtres. Les plus belles ont de huit à dix ans; elles
atteignent en grandeur jusqu'à 15 centimètres de diamètre et 27 millimètres d'épaisseur.

L'analyse chimique de la coquille à nacre donne les
résultats suivants :

Carbonate de chaux................... 80,2.
Phosphate de chaux................... 5,0.
Phosphate de magnésie............... 0,7.
Matière gélatineuse, soufre.......... 5,1.

Lors même que la nacre est superposée par couches annuelles, elle est tellement dure que des instruments parfaits sont nécessaires pour la travailler. On a même recours à la chimie, qui fournit des acides suppléant à l'action de la lime; on donne ensuite le poli avec du sulfate de fer calciné.

Les produits des Japonais aux Expositions universelles, dans les montres hollandaises, meubles et tabletteries, étaient dignes d'admiration. Ils ont sans doute des procédés qui nous sont inconnus pour le travail de cette substance, car ils ont obtenu un fini d'exécution et d'incrustation que nos habiles ouvriers et artistes de France ont de la peine à atteindre.

IV

Les perles fines, qui, plus que toute autre substance précieuse, partagent aujourd'hui avec les diamants le privilége d'orner les diadèmes des monarques ainsi que les riches parures de nos élégantes, ont été constamment considérées par les anciens peuples comme ayant le premier rang parmi les plus précieuses valeurs.

La forme de la perle fine dépend de la situation où le hasard a placé le noyau ou la semence première; si la formation a lieu entre ou dans les manteaux charnus du mollusque, il est certain que les mouvements tendront à donner à la perle une forme arrondie; si la perle est placée près des charnières, elle sera probablement déprimée, et si elle touche aux parois de la coquille, de façon que l'animal ne puisse la remuer, elle finira par adhérer à l'émail ou par prendre des formes diverses.

Il y a des perles de couleurs variées ; outre les perles blanches, on en voit de roses, de jaunes, de grises, de teintes bleues et de complétement noires. Le brillant produit par ces reflets se nomme l'*orient des perles*.

Ces variétés de couleurs tiennent à la nature du sol sur lequel le mollusque se trouve attaché, et par conséquent aux gaz et aux éléments divers qui flottent dans le milieu ambiant où il croît, se nourrit, végète et meurt.

La grosseur, la rondeur, le brillant, le chatoiement, la teinte sont les qualités qui servent de base pour le prix ; il faut y joindre la rareté ou la demande dans le commerce des perles fines.

V

Les Orientaux ont une passion prononcée pour ces gouttes de rosée solidifiées, ainsi qu'ils nomment ces belles perles qui rehaussent la magnificence de leurs splendides costumes.

Les Hébreux, voisins du golfe Persique, où se pêchent les plus belles perles, ont dû en connaître l'usage de bonne heure, Job, dans les livres saints, est l'auteur qui en parle le premier ; il dit que la pêche de la sagesse est de beaucoup préférable à celle des perles, et cette substance précieuse est très-souvent citée dans le livre des Proverbes.

Il ne paraît pas que les anciens Égyptiens aient fait

usage des perles; elles ne sont indiquées chez eux par aucun de leurs monuments; mais après la conquête d'Alexandre, lorsque la domination des rois macédoniens y fut établie, le luxe y fut porté au plus haut degré, et les perles formaient les bijoux les plus estimés.

Les Grecs, qui appelaient les perles *margarites*, ne paraissent pas en avoir connu l'usage dans une très-haute antiquité. Homère n'en fait aucune mention; Hérodote n'en parle pas. Ce n'est qu'après la guerre contre les Perses et les conquêtes d'Alexandre que le goût des perles se répandit parmi eux.

La valeur de ces bijoux approche de celle du diamant et quelquefois la dépasse. Jules César présenta à Servilie, mère de Brutus et sœur de Caton, une perle estimée plus de 1,100,000 francs de notre monnaie. Lollia Paulina, l'épouse de Caligula, en portait dans ses parures pour plus de huit millions de francs; Caligula lui-même en décorait jusqu'à ses bottines.

Les fameuses perles qui ornaient les oreilles de Cléopâtre coûtaient 3,800,000 francs.

Dans une fête donnée par Antoine, buvant à son vainqueur, elle jeta une de ces perles dans une coupe de vin et avala ainsi une valeur dépassant 1,500,000 francs! Elle en aurait fait autant de la seconde si on ne l'en eût empêchée.

Le duc de Saint-Simon s'exprime ainsi, au sujet de cette dernière perle :

« Ce fut là (à la cour d'Espagne) où je vis et touchai à mon aise la fameuse *Périgrine*, que le roi avait ce soir-là au retroussis de son chapeau, pendant d'une belle agrafe de diamant. Cette perle, de la plus belle eau que l'on ait jamais vue, est précisément faite et évasée comme ces petites poires qui sont musquées, et qu'on appelle de *sept en gueule*, et qui paraissent dans leur maturité vers la fin des fraises. Leur nom marque leur grosseur, quoiqu'il n'y ait point de bouche qui en pût contenir quatre à la fois sans péril de s'étouffer. La perle est grosse et longue comme les moins grosses de cette espèce, et sans comparaison plus qu'aucune autre perle que ce soit. Aussi est-elle unique. On la dit la pareille et l'autre pendant d'oreilles de celle qu'on prétend que la folie de magnificence et d'amour fit dissoudre par Marc Antoine dans du vinaigre, qu'il fit avaler à Cléopâtre. » (*De Saint-Simon*, tome XX, p. 100.)

Ce fait nous remet en mémoire l'excentricité du beau Buckingham laissant défiler pour 300,000 francs de perles dans les salons d'Anne d'Autriche.

En 1620, Gougibus, de Calais, rapporta des Indes une perle en forme de poire pesant 120 carats. « Comment avez-vous pu mettre toute votre fortune sur une si petite chose? lui dit Philippe IV. — Sire, lui répondit le marchand, je pensais qu'il y avait au monde un roi d'Espagne qui me l'achèterait. »

D'après l'inventaire de 1791, le trésor de la couronne de France possède pour un million de francs de perles fines. Les principales sont une perle ronde, vierge, d'un magnifique orient, pesant 27 carats $\frac{5}{16}$, estimée 200,000 fr.; deux perles forme poire bien formée et d'un très-bel orient, pesant ensemble 57 carats $\frac{11}{16}$; la paire est estimée 300,000 francs.

Il y a deux siècles, une perle fut achetée à Catifa, par le voyageur Tavernier, et vendue au schah de Perse pour 2,750,000 francs.

Philippe II, roi d'Espagne, reçut de l'île Marguerite (côte de Colombie) une perle qui pesait 25 carats et estimée 800,000 francs.

Le schah de Perse actuel possède un long chapelet dont chaque perle est à peu près de la grosseur d'une noisette. Ce joyau est inappréciable.

Il semble assez curieux que bien avant la découverte du Nouveau-Monde, les peuples sauvages de l'Amérique se parassent de colliers et de bracelets en perles fines.

VI

La nature de la formation des perles fait penser que l'on peut trouver ces précieuses concrétions dans tous les coquillages à parois nacrées des espèces nommées *huîtres*, *patelles*, *moules*, *haliotides*. En effet, notre huître commune, notre moule commune, portent quelquefois des perles.

Les moules à cygnes qui sont dans les marais d'eau douce; les mulettes que l'on ramasse dans la vase des rivières, sont également perlières; mais les perles qu'on y découvre ont généralement la teinte et la couleur de l'intérieur de la coquille où elles sont nées.

La pinne marine, espèce de moule que l'on trouve dans la Méditerranée, dans la mer Rouge, etc., qui atteint de grandes dimensions, a l'intérieur de ses valves rougeâtre, et produit des perles roses.

Cette moule donne aussi une soie verdâtre nommée *byssus*. Les Siciliens et les Calabrais la filent et en fabriquent des bas et des gants; on en fait également une espèce de drap soyeux d'un brun doré à reflet verdâtre.

Les mollusques qui fournissent le plus de perles au commerce, et qu'on trouve dans la mer des Indes, de la Chine, du Japon, de l'Amérique du Nord, dans la mer Verte ou golfe Persique, dans la mer Rouge, etc., sont l'*huître perlière*, *pintadine mère perle*.

Elle est d'une structure irrégulière, d'un ovale imparfait; elle a quelquefois 15 centimètres de diamètre; mais en général, sur les bancs exploités, elle ne mesure que 5 à 7 centimètres. Sa chair est blanchâtre, grasse et molle, et surtout gluante; aussi n'est-elle pas recherchée comme aliment.

Les perles telles qu'elles arrivent des pêcheries sont dites vierges. Les perles fines de belle eau, d'un bel orient, de belles formes, réservées pour les bijoux, se vendent à la pièce; on les nomme *parangones;* celles qui sont de formes irrégulières sont dites *baroques;* elles se vendent au poids.

On enfile sur soie blanche ou bleue des perles moyennes et petites; on réunit les rangs par un nœud de ruban bleu ou par une houppe de soie rouge, et on les vend alors par masse de plusieurs rangs, suivant le choix des perles.

Les très-petites perles, dites *semences*, se vendent à la mesure de capacité ou au poids. Dans les conditions ordinaires les perles du poids de $\frac{1}{4}$ de carat valent 4 fr. le carat ; de $\frac{1}{2}$ carat, 10 fr.; de $\frac{3}{4}$ de carat, 25 fr.; de 1 carat, 50 fr. Au-dessus de ce poids elles se vendent à la pièce.

La perle est susceptible de se détériorer assez facilement par l'action des acides ou des gaz fétides ; elle se ternit et devient alors, comme on la nomme dans le commerce, *vieille*; lorsque la dégradation est trop forte, on la dit *morte*.

Les perles d'Europe, principalement celles qui proviennent des pêcheries de la Grande-Bretagne, sont classées sous le nom de *perles d'Écosse,* ou *perles d'apothicaire*. Cette dernière dénomination, peu usitée aujourd'hui, est due à l'usage que la médecine empirique faisait de ces perles pour en former un électuaire coûteux, et qui cependant ne représentait que la mixture d'une certaine quantité de carbonate de chaux avec un liquide, eau ou vin.

VII

Les coquilles à perles se rencontrent dans un grand nombre de points du globe; mais les sources d'approvisionnement des perles fines ont toujours été dans l'Océan Indien, le golfe Persique et la mer Rouge.

Depuis la découverte de l'Amérique, on a exploité les bancs d'huîtres perlières dans l'océan Pacifique, le golfe du Mexique, la mer Vermeille, etc., etc.

La pêche des perles, à Ceylan, dure six semaines ou deux mois au plus; elle commence en février pour se clore dans les premiers jours d'avril.

Fig. 27. — Pêche des perles.

Lorsque la pêche doit avoir lieu, les bateaux partent le soir, à dix heures, au signal d'un coup de canon. La brise de nuit, qui porte vers la mer, fait arriver la flottille sur les bancs avant l'aurore, et au point du jour les plongeurs se mettent à l'œuvre.

La pêche continue jusque vers le milieu de la journée, moment auquel la brise, qui a molli dès le lever du soleil, change et souffle vers la terre. On appareille alors pour le retour à Ceylan, à force de voiles et de rames.

Dès que les barques sont en vue, un coup de canon avertit ceux qui ont un intérêt dans la pêche, les propriétaires des bateaux, les femmes et les enfants des marins, que la flottille approche. A l'arrivée au port, les cargaisons d'huîtres sont mises à terre sans perte de temps, afin que les barques soient complétement déchargées avant la nuit, et qu'elles puissent repartir le lendemain à dix heures, si la pêche doit continuer.

Chacune de ces barques destinées à la recherche des huîtres perlières est montée par vingt et un hommes : le patron-pilote, dix rameurs et dix plongeurs (fig. 27).

Sur les lieux de pêche, les plongeurs se partagent en deux bandes de cinq hommes, qui, alternativement, plongent et se reposent. Habitués dès l'enfance à ce rude travail, ils descendent jusqu'à des profondeurs de douze mètres, en se servant pour accélérer leur immersion, d'une grosse pierre de forme pyramidale et percée, au bout le plus petit, d'un trou dans lequel passe une corde dont l'autre extrémité se fixe au bateau.

Au moment de plonger, chaque homme, pourvu d'un sac ou filet pour mettre les huîtres, prend entre les doigts

du pied droit la corde à laquelle la pierre est attachée ;
entre ceux du pied gauche, il place son filet ; puis, il se
met du coton dans les oreilles, se serre les narines avec
une *drogue* de bois ou une pince en corne, il saisit la
corde d'appel et plonge droit ou accroupi sur les talons.

Arrivé au fond de l'eau, il s'empresse de mettre dans
le filet les huîtres qui sont à sa portée, et à l'aide
de la corde d'appel, qu'il roidit, il avertit les camarades du bord de le remonter rapidement avec sa car-
gaison.

Ce travail est si pénible qu'une fois remontés dans la
barque, les plongeurs rendent par la bouche, par le nez
et par les oreilles, de l'eau souvent teinte de sang. Néanmoins, lorsque le temps les favorise, ils répètent leurs
descentes jusqu'à quinze et vingt fois ; mais si le temps
est mauvais, ils ne plongent guère que trois ou quatre
fois.

A la profondeur la plus grande où s'exerce le travail,
c'est-à-dire à douze mètres dans l'eau, le temps qu'un
habile plongeur peut y demeurer excède rarement trente
secondes.

On doit donc être en garde, au dire de M. Lamiral, qui
a étudié spécialement cette question et qui a bien voulu
nous communiquer des documents sur ce sujet, contre ce
qu'ont fait imprimer certains voyageurs qui affirment que
l'on travaille sans respirer à la pression de deux atmos-
phères, c'est-à-dire à plus de vingt mètres sous l'eau, pendant plus d'une minute, et à plus forte raison contre
l'assertion de ceux qui disent qu'un plongeur peut rester
immergé pendant deux, cinq et même six minutes.

On a inventé divers appareils libres qui permettent à un homme de rester sous l'eau pendant quelques minutes; mais le plongeur se trouve fort empêché par ses vêtements, dont il ne saurait se débarrasser dans un moment de péril, et dont le moindre inconvénient est de contrarier l'usage si nécessaire des yeux et d'alourdir le haut du corps, ce qui rend dangereuse au plongeur l'action de se baisser pour ramasser un objet au fond de l'eau.

Les plongeurs indiens, arabes et africains, ne deviennent pas vieux; leur corps se couvre de plaies par l'effet de la rupture des vaisseaux sanguins; leur vue s'affaiblit, et souvent ils sont frappés d'apoplexie.

VIII

Ce que redoutent le plus les pêcheurs de perles et ce qui fait leur terreur, c'est le danger d'une rencontre avec le requin, vorace ennemi qui rôde dans ces profondeurs.

Aussi, avant de frapper le sol du pied, afin d'accélérer son ascension du fond de l'eau, le plongeur regarde toujours au-dessus de sa tête si l'ombre du monstrueux poisson ne se dessine pas entre lui et la surface de la mer, et, le cas échéant, si cette noire perspective ne le paralyse pas de terreur, le seul parti qu'il ait à prendre, c'est de remuer le sable (s'il y en a) pour se dérober à l'œil vitreux du monstre; et en s'élançant avec vigueur, il devra rugir, la bouche nécessairement fermée, avec le plus de sonorité possible. La surprise et le bruit effrayent ce farouche mais lâche ennemi.

Néanmoins, si l'animal est de grande taille et affamé, il revient à la charge sur le plongeur à bout de forces, et si le malheureux ne perd pas la vie, il reste mutilé par la terrible mâchoire du squale.

Combien de fois n'arrive-t-il pas qu'un plongeur, se heurtant contre une pointe de rocher, s'effraye au point de voir dans son imagination son ennemi redouté et remonte alors plein de terreur donner l'alarme à ses camarades! La flottille revient ce jour-là au port sans que la cause de l'alerte soit vérifiée.

IX

Lorsque les embarcations ont déchargé leurs huîtres, chaque propriétaire emporte son lot chez lui, il l'étale habituellement sur une natte de sparterie, dans un espace creusé dans le sol, et laisse la température agir sur les mollusques, qui bientôt entrent en putréfaction.

On cherche ensuite les perles qu'elles peuvent contenir, puis on fait bouillir cette matière putréfiée, afin de retrouver, en la tamisant, les substances nacrées qui pourraient être cachées dans le corps du mollusque.

D'autres ouvrent les huîtres une à une avec leurs couteaux, et cherchent les perles en écrasant la chair entre leurs doigts : ce travail est plus lent que la mise en bouillie et le lavage des détritus comme on le pratique dans les Indes orientales, mais les Américains disent que par cette méthode les perles conservent toute leur fraîcheur et la pureté de leur eau.

Les perles extraites des coquilles et parfaitement lavées et nettoyées sont encore travaillées avec de la poudre de nacre rendue presque impalpable, pour polir et arrondir celles qui peuvent prendre quelque apparence par cette opération.

On les trie ensuite par classes, suivant leurs grosseurs, en les faisant passer par une série de cribles en cuivre de plusieurs dimensions.

L'opération qui vient après le classement, c'est le forage pour la mise en chapelets. Les outils à forer sont des poinçons de diverses grosseurs, suivant les numéros des perles; ils sont fixés dans des manches de bois arrondis et mis en mouvement par un archet à main.

Le forage passe pour une opération difficile; il exige de l'intelligence et une bonne appréciation du plus beau côté de la perle, afin de le mettre en vue lorsqu'elle est enfilée au chapelet.

Les indigènes et les Chinois excellent dans ce travail et peuvent, dans la journée, percer six cents grosses perles ou trois cents petites.

X

Dans le golfe Persique, on ne pêche la perle qu'en juillet et août, la mer n'étant pas assez calme dans les autres mois de l'année.

Les pêcheurs sur les bancs à huîtres mettent leurs barques à quelque distance l'une de l'autre, et ancrent par une profondeur de 5 à 6 mètres.

Les marchés pour les perles et la nacre du golfe Persique se tiennent principalement à Bassora et à Bagdad, d'où ces produits passent à Constantinople pour nos contrées.

Les perles, dans cette mer, ne sont pas aussi blanches que celles qui sont pêchées dans le golfe du Bengale ; leur teinte est jaunâtre, mais elles sont estimées parce qu'elles conservent cette eau dorée avec tout son éclat, tandis qu'avec le temps les perles blanches, plus délicates, perdent, disent les marchands du pays, leur orient ou leur fraîcheur.

On peut récolter des perles dans nos rivières de France, et plusieurs joailliers s'en procurent assez souvent qui sont ensuite vendues comme des perles étrangères ; mais toutes ces perles d'Europe sont ternes, d'un blanc rosé sans orient ; ce qui semblerait prouver qu'une grande chaleur est nécessaire à la perfection de la perle. Aussi celles qui se forment et qui croissent au rayonnement du brillant soleil de l'Asie et de l'Amérique méridionale, sont-elles toujours les plus belles, les plus vives en éclat et en transparence.

XI

En 1680, un français nommé Jaquin, fabricant de chapelets, observa que lorsqu'on lavait un petit poisson nommé *ablette,* l'eau se chargeait de particules brillantes et argentées. Le sédiment de cette eau avait le lustre des plus belles perles, ce qui lui donna l'idée de les imiter.

Ce sédiment se nomme essence de perles ; il faut environ vingt mille ablettes pour en faire cinq cents grammes. On imite les perles en le fondant dans du verre que l'on souffle en petites boules. Jaquin a perfectionné cet art ; Tzetzès nous apprend que l'on a su faire des perles artificielles avec d'autres petites perles réduites en poudre ; et Massarini, que de son temps un citoyen de Venise imitait les perles fines au moyen d'un émail transparent auquel il donnait la forme voulue, et qu'il remplissait d'une matière colorante.

Bekmann dit que les premières perles artificielles furent fabriquées à Murano, dans la lagune de Venise ; elles consistaient en de petits globules de verre intérieurement enduits d'un vernis de la couleur des perles, formé par un amalgame de mercure.

D'après les rapports sur l'Exposition universelle de 1867, l'industrie des perles fausses fait, à Paris seulement, plus de 1,200,000 francs d'affaires annuelles.

Dans l'imitation des perles fines, l'art a été poussé à un si haut degré, que l'amateur le plus éclairé peut s'y tromper. Le poids seul n'a encore pu être atteint, mais les formes, les tons, l'orient, tout est parfaitement reproduit et peut donner l'illusion la plus complète.

LE CORAIL.

I

Le corail, comme la perle, sort du brillant écrin des mers. Dans certaines régions de l'Océan, au milieu des rochers les plus accidentés, il s'étend sous forme de petites forêts purpurines, d'autre fois on le trouve épars çà et là comme une plante gracieuse et solitaire (fig. 28).

Les chimistes industrieux qui produisent cette merveille ne sont pas autre chose que des animalcules qui sécrètent leur demeure, dédale aux loges microscopiques innombrables.

Le corail est donc un polypier qui ressemble à un arbrisseau dépouillé de ses feuilles. Pendant longtemps il a été pris pour une plante marine; les anciens appelaient cette prétendue plante, *fille de la mer*. Il n'a point de racines, mais il a pour base un pied dont la forme, sans être constante, approche le plus souvent de celle d'une calotte sphérique. Ce pied s'applique parfaitement à la surface des corps sur lesquels il a été formé, ainsi que ferait de

la cire fortement comprimée ; il s'y attache tellement
qu'il est difficile de l'en séparer.

Il ne contribue en aucune manière au développement
du corail, puisqu'on a trouvé des branches de corail qui,
étant séparées depuis longtemps de leur pied, avaient
continué de croître au fond de la mer.

Le polype du corail pond des œufs que Cavolini avait
vus et figurés dès 1784, et qui servent à la dissémination
de l'espèce pour la production de nouveaux polypiers.
Sur chaque agrégation de polypes, de nouveaux individus se développent par bourgeonnement et en allongeant,
au fur et à mesure qu'ils s'organisent, les ramifications
de leur arborisation calcaire. Le corail englobe tout ce
qu'il approche ; aussi n'est-il pas rare, en le cassant, de
trouver dans son intérieur des corps étrangers.

Cavolini rapporte que des pêcheurs, sur la barque desquels il avait installé ses observations, avaient souvent
pêché sur les côtes de Sardaigne des poteries submergées
depuis quelque temps, des armes, de petites ancres, des
pierres sur lesquelles s'était développé du corail ; il ajoute
qu'un savant du pays, pour obtenir une récolte de ce
genre, fit jeter à la mer des vases de porcelaine, parce
qu'il savait qu'au bout de quelque temps ils seraient
naturellement couverts de corail ; il obtint ainsi des échantillons pour les galeries du Musée.

Il s'élève sur cette calotte, qui sert de base au corail,
une tige pour l'ordinaire unique, et dont la grosseur
extrême ne dépasse guère 2 centimètres et demi de diamètre.

De cette tige sort un petit nombre de branches qui se

ramifient elles-mêmes. Les branches sont parsemées de cellules dont chacune contient un polype qui, en étendant ses bras ou tentacules, ressemble à une fleur. Cette propriété avait fait classer les polypiers parmi les végétaux.

On ne doute pas aujourd'hui que le corail ne soit un produit de ces animaux, que l'on a aussi nommés zoophytes, mot qui veut dire animaux-plantes.

Fig. 28. — Le corail.

La plus simple observation montre ce que connaissent aussi bien les pêcheurs que les amateurs et les commerçants, que le corail se compose de deux parties distinctes : l'une centrale, dure, cassante, de nature pierreuse, celle en un mot que l'on utilise dans la bijou-

terie ; l'autre extérieure, semblable à une écorce molle et
charnue, facile à entamer avec l'ongle quand elle est fraîche,
pulvérulente quand elle est sèche : c'est la couche vivante·
animale formée par les polypes. *Histoire naturelle du co-.*
rail, par Lacase-Duthiers, f. 23 et 24 (fig. 29).

La véritable nature du corail-fut principalement étu-:
diée par Peyssonnel, chirurgien de la marine. Il fit part.de
ses découvertes à Réaumur, qui hésita quelque temps à
les communiquer à l'Académie des sciences. Ce ne fut
qu'en 1827 qu'il se décida à les faire connaître à l'illustre
compagnie, mais sans les adopter encore lui-même. Les
observations de Peyssonnel furent contestées jusqu'au
moment où Trembley publia ses belles expériences sur
le polype d'eau douce, alors que les savants consta-
tèrent la grande ressemblance qui existe entre la nature de ce curieux invertébré et les animalcules du corail.

II

Cette substance, l'une des plus belles et des plus précieuses productions de la mer, se trouve dans presque
toute l'étendue de la Méditerranée, à partir des côtes de
France, où elle est rare, et ne pare que le revers méri-
dional des roches, depuis 3 mètres de profondeur. A
Messine, c'est à 200 mètres qu'on la recueille. Elle se
trouve à l'entrée de l'Adriatique. C'est à 300 mètres
seulement qu'elle se forme dans les Dardanelles, où les
périls de la pêche ne sont pas compensés par la valeur
des produits.

La côte d'Afrique est le parage où le corail est le plus répandu ; on ne l'y trouve guère près des rives : il lui faut au moins un fond de 30 mètres, et les petites forêts qu'il y forme descendent jusqu'à 200 mètres.

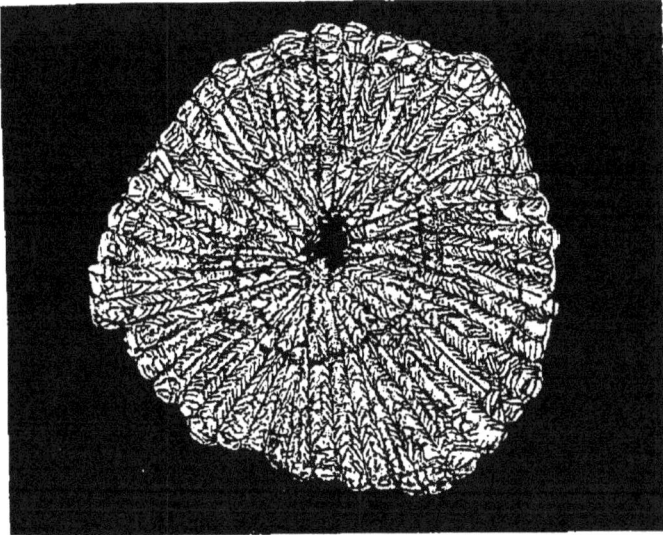

Fig. 29. — Coupe de la partie centrale du corail.

On a remarqué, dans ces contrées où le corail est l'objet d'un commerce important, que 35 centimètres environ de cette production ont besoin de huit ans pour parvenir à cette grandeur, dans une eau profonde de 8 ou 10 brasses ; de vingt-cinq à trente ans, à la profondeur de 25 brasses, qui répondent à 30 mètres ; et de quarante ans au moins, à 50 mètres ou au-dessous.

Le corail des côtes septentrionales d'Afrique est plus considérable dans ses dimensions ; celui des bords méridionaux de l'Europe est d'une couleur plus vive.

« Après avoir examiné beaucoup et fait en quelque sorte son éducation, le commerçant arrive à reconnaître avec assez d'exactitude les localités d'où proviennent les échantillons. Ainsi le corail des côtes de France, celui des côtes d'Espagne et de l'Algérie présentent des différences notables dans la hauteur, la forme et la grandeur des rameaux. » (Lacaze-Duthiers.)

III.

Il est attaché aux rochers comme un arbrisseau à la terre par ses racines ; mais les branches, au lieu de se diriger vers le ciel, se dirigent au contraire vers le fond de la mer, ce qui donne une certaine facilité pour les arracher.

Voici comment on fait habituellement la pêche du corail : huit hommes montent une felouque, petit bateau que l'on nomme ordinairement coralline ; ces hommes sont toujours d'excellents plongeurs ; ils ont avec eux une grande croix dont les branches sont égales, longues et fortes ; à chaque bras est fixé un solide filet, fait en forme de sac ; cet instrument est appelé *salabre* (fig. 30).

Après qu'ils ont attaché une corde solide au milieu de la croix qu'ils descendent horizontalement dans la mer, munie d'un poids assez puissant pour aller au fond, le plongeur suit la croix ; il en pousse les branches l'une après l'autre dans le creux des rochers, il engage le corail dans les filets ; alors ceux qui sont dans la felouque tirent fortement, ils arrachent le corail et l'amènent hors de l'eau au moyen de la corde.

La pêche du corail est aussi périlleuse que celle de la

Fig. 30. — La pêche du corail.

perle, à cause des requins qui abondent dans les lieux
où elle se fait.

Il est regrettable que l'on n'ait pas encore pensé à
employer pour cette pêche la cloche à plongeur et autres
appareils analogues, surtout depuis que ces instruments
ont été perfectionnés au point où ils le sont maintenant.

IV

Le corail est aussi dur que la perle; il est travaillé
par le lapidaire comme les pierres précieuses. Il est ordinairement d'un beau rouge, et parfois couleur de chair,
jaune, blanc, ou panaché. Le rouge est généralement
préféré.

Il existe du corail noir, connu dans le commerce
sous le nom de *corail mort*. « En examinant des produits
de pêche, dit M. Lacaze-Duthiers, il est facile de s'assurer
de ce fait, que le corail pêché mort, quand il n'est pas
franchement rouge, a dû séjourner au fond de la mer, sur
la vase ou même dedans. Là putréfaction qui suit la chute
des rameaux sur les fonds produit certainement du gaz
sulfhydrique, et dès lors le corail noircit et s'altère de la
circonférence vers le centre; cela est si vrai que l'on rencontre de gros morceaux parfaitement noirs à l'extérieur
et très-rouges encore vers le cœur. Il se passe donc dans
la vase quelque chose d'analogue à ce qui s'opère quand
on place du corail dans l'hydrogène sulfuré. » — On pense
que la couleur du corail blanc est due à une maladie.

On emploie le corail pour faire des colliers, des bra-

celets, des bagues, des pendants d'oreilles, des pommes
de canne, des poignées d'épée, des manches de couteau, etc. On a pu admirer à l'une des dernières expositions des produits de Paris un splendide jeu d'échecs,
estimé 10,000 fr., dont toutes les pièces, représentant
l'armée des croisés et celle des Sarrazins, étaient exécutées en corail.

Réduit en poudre, et après avoir reçu des préparations pharmaceutiques, il est employé en médecine. La
poudre de corail sert aussi à blanchir les dents.

Dès la plus haute antiquité, l'éclat et la vive couleur
du corail avaient fixé l'attention des hommes, qui s'en
firent des ornements.

Le corail ne se produit pas aux bords de l'Inde, et ce
sont précisément les Indiens qui semblent y attacher le
plus de prix. Au temps de Pline, ils le recherchaient déjà
comme la première des raretés; aujourd'hui même, les
brahmines et les princes asiatiques s'en parent de préférence aux perles que produisent leurs parages, tandis que
les Européens donneraient leur plus magnifique corail
pour la moindre des perles.

Cette production est donc un des objets de luxe que le
commerce européen trouve le plus d'avantage à importer
dans les Indes. Les peuples noirs ou basanés le préfèrent
à toute autre pierrerie; ils surchargent de brillants ou de
perles leurs fastueux vêtements, les sceptres et les couronnes; le corail est réservé pour parer les bracelets et
les colliers, parce que sa couleur, plus mate, qui brille
néanmoins sur la peau, n'y présente rien de trop con-
trastant.

V

Dès le commencement du seizième siècle, époque où l'usage du corail se répandit à la cour du roi François Ier, la France tourna son attention vers ce précieux produit de la mer. Depuis, et durant trois cents ans, à part quelques rares intervalles, la pêche du corail est restée entre les mains de la marine française. C'est seulement dans les dernières années du dix-huitième siècle que la tradition a été rompue et que les marins étrangers, les Italiens surtout, se sont substitués à nos marins dans ces parages; et comme il existe entre la pêche du corail et l'industrie qui s'y rattache une connexion assez étroite, il en est résulté que du même coup cette industrie a déserté Marseille, où elle avait longtemps été florissante, pour s'établir à Gênes, à Livourne et à Naples, qui en gardent encore aujourd'hui le monopole.

Quant à la pêche, elle nous est en partie revenue, grâce aux sages mesures adoptées par l'administration. Quelques chiffres suffiront pour montrer combien la progression a été rapide. En 1845, d'après le *Rapport sur l'exposition de* 1867, sur 166 bateaux coralleurs qui exploitèrent les côtes de l'Algérie, un seulement était français. En 1864, le nombre total des bateaux employés était de 327; 186 étaient français, 118 italiens et 23 espagnols. Le moment ne semble donc pas éloigné où sans doute cette industrie, elle aussi, nous reviendra.

Le produit de la pêche du corail, qui occupe chaque

année plus de 2,000 marins, s'élève à plusieurs millions de francs par an. Ces produits de notre littoral représentaient à l'état brut, il y a quelques années, 2,500,000 fr. environ. Ils étaient presque en totalité portés loin de nos côtes, sur les marchés italiens et principalement sur celui de Naples, et prenaient entre des mains étrangères une valeur marchande de 10 à 12 millions de francs.

Sur les côtes de l'Algérie, la pêche du corail est réglée comme l'exploitation des forêts; chaque pêcherie est divisée en dix coupes, dont une seule est explorée chaque année; cette précaution est nécessaire pour permettre au corail d'atteindre un développement convenable.

On fait un corail artificiel, nommé *purpurine*, à l'aide de marbre en poudre cimenté avec de la colle de poisson ou une huile très-siccative. La couleur s'obtient au moyen du vermillon de Chine mêlé à un peu de minium de bonne qualité.

L'AMBRE.

I

Tout le monde connaît l'ambre jaune, substance onctueuse, ressemblant à de l'or limpide et transparent, et qui s'harmonise parfaitement avec les carnations les plus diverses; c'est un produit que nous devons aux siècles depuis longtemps écoulés.

On distingue aussi l'ambre gris, qui n'a de commun avec le premier que le nom. C'est un aliment raffiné, au parfum exquis, en usage dans les grandes circonstances, et apprécié à sa juste valeur par les Brillat-Savarin et les baron Brisse seulement.

L'ambre gris est une substance animale, grasse, donnant une odeur suave et pénétrante, sa couleur grise est mêlée de noir et de jaune; il a la consistance de la cire et peut se ramollir comme elle.

« Que tout homme, dit Brillat-Savarin, qui aura passé à travailler une portion notable du temps que l'on doit

employer à dormir ; que tout homme qui se sentira tem-
porairement devenu bête ; que tout homme qui trouvera
l'air humide, le temps long, et l'atmosphère difficile à
porter ; que tout homme qui se sentira tourmenté d'une
idée fixe qui lui ôtera la liberté de penser ; que tous
ceux-là, disons-nous, s'administrent un bon demi-litre
de chocolat ambré, à raison de soixante à soixante-douze
grains d'ambre par demi-kilogramme, et ils verront
merveilles.

« Dans ma manière particulière de spécifier les choses,
je nomme le chocolat à l'ambre *chocolat des affligés*,
parce que dans chacun des divers états que j'ai désignés
on éprouve je ne sais quel sentiment *qui leur est commun*
et qui ressemble à l'affliction. »

II

Brillat-Savarin n'exagère pas les admirables qualités
du chocolat ambré ; mais il est regrettable que ce chocolat
soit un peu cher : deux grammes d'ambre gris, non falsifié, pilé très-fin avec du sucre, font six petites doses,
avec chacune desquelles on saupoudre une demi-tasse de
chocolat ; mais comme le kilogramme d'ambre ainsi préparé revient à peu près à cinq mille francs, deux grammes coûtent donc dix francs, c'est-à-dire cinq fois plus
que l'argent, à poids égal.

Cette substance est déjà plus chère que du temps de
Brillat-Savarin, et si son usage se répandait davantage,
son prix augmenterait sans doute ; mais le luxe d'un

pareil aliment n'est pas destiné à devenir populaire.

Dans le commerce, cette substance est fort sujette à être falsifiée, surtout maintenant qu'elle a atteint un prix exorbitant; cependant quelques caractères peuvent faire reconnaître le véritable ambre de celui qui est altéré. Si l'on en casse un morceau, on voit que son intérieur est composé de couches de différentes nuances de jais, mêlé de points jaunes, noirs et blancs; la chaleur de la main suffit pour le ramollir, et lorsqu'on y plonge une lame ou une tige d'acier chauffée au rouge, il laisse exsuder une matière liquide d'une odeur très-suave et très-aromatique; celui qui est falsifié par les procédés connus jusqu'à ce jour ne possède pas ces caractères.

L'ambre gris entre comme ingrédient dans les pastilles des Indes, dans l'eau de miel anglaise, le parfum de Portugal, etc. Il sert à aromatiser une foule de préparations, telles que des vinaigres, des savonnettes, des huiles, des pommades; il est vanté comme excitant.

III

Comme nous ne parlons pas seulement à des chimistes, auxquels la nature n'inspire aucun dégoût, car ils ne voient partout qu'oxygène, hydrogène, carbone, azote, etc., éléments vierges de toute impureté, nous éprouvons quelque pudeur à raconter son origine.

Il provient de certains cachalots, mammifères cétacés, dont les dimensions égalent presque celles de la baleine, mais qui en diffèrent en ce que leur mâchoire inférieure, étroite et allongée, est garnie de chaque côté de dents coniques et cylindriques, tandis que la baleine n'a que des fanons. Ils peuplent l'Océan principalement aux environs de l'équateur ; le voyageur au long cours, qui devient si triste et si mélancolique dans ces parages, se distrait, appuyé sur les rambades de son navire, à les suivre de l'œil et à les voir sillonner les flots amers, quelquefois par troupes de deux à trois cents. D'après les opinions les plus certaines, ce serait dans le foie ou dans l'estomac et les intestins de ces animaux malades que se formerait l'ambre gris. Ce sont les mêmes cachalots, qui donnent le blanc de baleine.

Des pêcheurs ont en effet trouvé de l'ambre gris dans les entrailles de ce cétacé ; cette substance est commune dans les parages qu'il habite ; les masses d'ambre que l'on vient de recueillir renferment souvent des becs de sèche et divers débris des animaux marins dont le cachalot fait sa nourriture.

Les excréments de quelques autres mammifères, conservés pendant un certain temps, exhalent aussi une odeur analogue à celle de l'ambre.

Quelques savants ont pensé que l'ambre gris était une espèce de gras de cadavre, provenant de la décomposition dans l'eau des poulpes odorants, et que l'on pourrait imiter le procédé de la nature et faire artificiellement de l'ambre gris avec les poulpes odorants, qui abondent dans la Méditerranée.

Cette substance se présente ordinairement en petits morceaux, quelquefois en masses assez considérables,

pesant jusqu'à cinquante kilogrammes, flottant à la surface de la mer, aux environs de Madagascar, de la côte
de Coromandel, des îles Moluques et du Japon.

IV

L'ambre jaune, que l'on nomme également succin et
carabé, appartient au règne végétal; c'est une résine fossile d'un jaune plus ou moins foncé, diaphane, d'une
odeur agréable; il est susceptible de recevoir un beau
poli.

Les poëtes anciens supposaient que les grains d'ambre
n'étaient autre chose que les larmes des sœurs de Phaé-
ton; mais la science, qui n'est pas sentimentale, nous
apprend qu'il est le produit d'une espèce de conifères
antédiluvien, dont on ne rencontre plus que les graines
et les cônes; il était primitivement fluide, comme le
prouvent les insectes et les brins de plantes, les feuilles,
les pétioles, etc., qu'il contient quelquefois.

Tacite connaissait presque aussi bien que nous l'origine de l'ambre jaune : « Cette substance, dit-il dans
les *Mœurs des Germains*, resta longtemps abandonnée au
milieu de tout ce que rejette la mer, jusqu'au moment
où notre luxe lui donna un nom. Quant à eux (les pêcheurs de la Baltique), comme ils n'en font aucun usage,
ils le ramassent brut, nous l'apportent sans le mettre en
œuvre, et en reçoivent le prix avec étonnement. On
peut croire que cette substance est formée du suc des
arbres, parce qu'on voit briller à travers quelques ani-

maux qui vivent sur le sol, et même des insectes ailés qui ont été pris dans cette matière gluante et renfermés en elle quand elle s'est durcie. Je croirais volontiers que de même qu'il existe dans les contrées mystérieuses de l'Orient des plantes qui distillent l'encens et le baume, de même il existe dans les îles et les terres de l'Occident, des forêts et des arbres d'une vitalité féconde, dont la substance, attirée et fondue par les rayons du soleil qui est voisin, tombe dans la mer et va échouer, emportée par la force des vagues, sur les rivages opposés. »

L'Institut impérial de géologie de Vienne, en 1863, en a fait connaître un morceau vraiment bien extraordinaire, long de 79 millimètres, large de 32, de forme ovale allongée, d'un jaune de miel, foncé à l'extérieur et complétement durci à sa surface, mais encore mou à l'intérieur. Il a été trouvé à environ six mètres au-dessous du sol, dans les sables tertiaires de la Silésie.

Les insectes que l'on trouve comme embaumés dans cette matière résineuse, sont ordinairement ceux qui se tiennent sur les troncs des arbres ou dans les fissures de leur écorce, et qui vivent dans les climats chauds. Ces insectes nous sont généralement inconnus; ils paraissent appartenir à des espèces disparues.

V

Il y a de l'ambre d'un beau jaune rougeâtre; il y en a aussi d'un jaune plus clair, mais le plus estimé est celui qui tire sur le blanc et qui est à demi opaque.

Les Grecs appelaient l'ambre jaune *électron*, d'où l'on a fait le mot électricité; car c'est dans cette substance que pour la première fois les phénomènes électriques ont été observés. Les ouvriers qui la travaillent éprouvent souvent des tremblements nerveux dans les poignets et dans les bras, provenant de la grande quantité d'électricité qu'elle dégage par le frottement.

On peut ramollir l'ambre jaune, lui donner des teintes factices, y incruster des corps étrangers qui en rehaussent le prix aux yeux des amateurs.

On l'emploie dans la fabrication de gracieux ornements; on en fait des boucles d'oreilles, des colliers, des chapelets, des bracelets, des peignes, des pommes de canne, en un mot mille objets charmants recherchés par la mode ou le bon goût. On peut le tourner et le sculpter, en faire des instruments de physique, des miroirs, des prismes, des verres ardents, etc.

Lorsqu'un insecte, une feuille ou quelque autre objet sont naturellement emprisonnés dans un morceau d'ambre, on le taille en cabochon mince, afin qu'on puisse mieux les distinguer. Les pièces ainsi formées sont fort recherchées des amateurs.

Parmi les raretés d'ambre jaune, on cite une pomme de canne du Musée de minéralogie de Paris; sa couleur pure, sa netteté, sa limpidité parfaite lui donnent l'air d'une topaze du Brésil. Parmi les plus belles pièces connues on compte également une magnifique coupe du Trésor de la couronne de France : elle est ovale, un peu rétrécie au milieu, sa longueur est de trente-cinq centimètres, sa hauteur de dix-sept.

L'ambre est antispasmodique et excitant. Autrefois on en faisait un grand usage dans la médecine, et Pline rapporte que les anciens en fabriquaient des colliers comme amulettes pour les enfants.

VI

L'ambre jaune nous vient principalement des environs de la mer Baltique; il existe en assez grande quantité dans les dunes sablonneuses qui bordent les rivages de la mer; le mouvement des eaux en dépose beaucoup sur la côte.

Il se trouve parfois interposé en plaques minces entre les couches de lignite, plutôt près de l'écorce des lignites fibreux qui ont conservé la texture ligneuse que vers le milieu du tronc de l'arbre; position qui est analogüe à celle des matières résineuses sécrétées par nos végétaux actuels : nouvelle preuve que l'ambre gris doit avoir une origine semblable.

Les endroits où l'ambre jaune se rencontre dans des conditions convenables pour donner lieu à des travaux de mines sont rares, mais on le trouve en petits morceaux dispersés dans de nombreuses localités.

Sur les côtes de la mer Baltique, il se présente en quantité, principalement sur divers points aux environs de Dantzig. On le trouve en fragments arrondis sans écorce, dans les lits de petits ruisseaux qui coulent près des villages; ou en galets arrondis par les vagues, rejetés par la mer dans les bancs de sable des rivières. On a pu voir à l'exposition de 1867 un bel échantillon de ce genre, partagé en deux parties. On peut également en apprécier une collection des plus remarquables, de toutes les nuances, de toutes les formes, de tous les genres chez M. Sommer, passage des Princes, à Paris.

Quelquefois la mer en détache de nombreux morceaux de la falaise; alors des pêcheurs se mettent à l'eau jusqu'au cou, cherchent à les arrêter avec des filets. Cette pêche est très-dangereuse et peu lucrative.

VII

Sur la côte de la baie de Kurisch-Haff, à 15 kilomètres sud de Memel, se trouve, entouré de forêts, un village de pêcheurs qui porte le nom de Schwarzort. La beauté du site en avait fait un bain de mer en vogue; depuis peu, cependant, cette localité a acquis une importance industrielle par suite de la découverte d'une couche d'ambre dans le golfe qui la baigne. Deux entrepreneurs de Memel ont en effet constaté dans ces parages l'existence d'un banc de cette substance, qui semble destinée à devenir une source nouvelle de richesse nationale (fig. 31).

Les quantités prodigieuses d'ambre jaune recueillies par des explorateurs du Kurisch-Haff et des environs de Memel ont de nouveau appelé l'attention générale sur cette branche si intéressante de commerce, car on évalue à plus de 35,000 kilogrammes le poids de la récolte faite par eux dans une seule année.

Il résulte des dernières recherches, d'après les *Annales du commerce extérieur*, que les terres bleues ou ambrées du littoral contiennent cette précieuse matière en quantités moyennes de 25 à 160 grammes par pied cube, soit un demi-kilogramme par 12 pieds cubes.

La production totale des côtes de la Baltique s'élève aujourd'hui à près de cent mille kilogrammes par an, dont 50,000 sont recueillis par le puisage et la pêche au dard, 35,000 par le draguage et 15,000 par les fouilles opérées dans les coteaux sablonneux voisins de la mer.

La valeur de l'ambre varie à l'infini; elle est fixée pour chaque morceau d'après sa couleur, sa grosseur ou sa forme. Une faible partie seulement peut être employée à la fabrication de porte-cigares, de broches, de perles olives livournaises et autres objets d'art et de luxe : la plus grande quantité, que la couleur en soit claire, transparente ou opaque, ne peut servir qu'à fabriquer des grains de collier et de chapelet, qu'on exporte en Afrique, dans les îles de la mer du Sud et aux Indes orientales, où ces bijoux ont toujours été un objet recherché pour le commerce d'échange. On peut admettre que la moitié de toute la production sert à confectionner ces grains percés, dont l'écoulement a lieu sur une aussi vaste échelle. Le débit en est d'autant plus assuré qu'ils sont connus des indigènes de ces contrées depuis Hérodote, et qu'ils ont conservé jusqu'à ce jour le même attrait à leurs yeux.

40 pour 100 environ de l'ambre récolté ne peut plus servir à la fabrication de ces grains, par suite de l'opa-

Fig. 31. — Récolte de l'ambre aux environs de Memel.

cité des fragments, de leur altération par des substances animales ou végétales, et à cause de leur exiguité. Cette quantité, évaluée à 40,000 kilogrammes, entre en partie dans le commerce comme article de fumigation aromatique; le reste est converti en huile et en laque de succin.

L'huile et l'acide de cette matière sont principalement employés dans les laboratoires pour produire l'ammoniaque succinique. On se sert également de l'acide de succin dans les teintureries, et en dernier lieu pour la photographie.

La laque de succin s'emploie surtout pour le badigeonnage des tuyaux en fer, des portes, des machines, des objets en fonte, etc., auxquels elle donne une nuance d'un noir très-foncé et très-élégant. On croit généralement que cet article jouira d'une plus grande vogue lorsqu'il sera plus connu. On en fabrique déjà de grandes quantités dans la Prusse occidentale.

VIII

Les Orientaux font plus de cas que nous des bijoux en succin; aussi la plus grande partie de l'ambre que l'on recueille aux environs de la Baltique se vend en Turquie.

Un morceau du poids de 500 grammes vaut généralement chez nous 250 francs; il n'y a pas longtemps, on a trouvé en Prusse un échantillon pesant douze kilogrammes 1/2, pour lequel on a offert 25,000 francs, et qui, d'après l'opinion des marchands arméniens, rapporterait à Constantinople de 150,000 fr. à 200,000 francs.

Le gouvernement prussien retirait de cette résine an-
tédiluvienne un revenu de 85,000 à 90,000 francs, revenu qui doit être augmenté depuis les dernières an-
nexions.

On pouvait voir à l'exposition universelle de 1867 des
porte-cigares, des pipes, des colliers, des bracelets, des
pendants d'oreilles d'un choix exquis; mais il y avait
très-peu d'échantillons d'ambre brut, échantillons qui
auraient cependant beaucoup intéressé les amateurs.

LE JAIS OU JAYET.

Sa nature. — Ses divers usages. — Sa mise en œuvre. — Faux jais.

Cette substance est une variété de lignite très-solide. Le jais est luisant, d'un beau noir à cassure lisse et à texture très-dense, ce qui le rend susceptible d'être travaillé au tour et de recevoir un beau poli.

On le trouve en nodules ou masses arrondies, dont les plus considérables ne pèsent que vingt-cinq kilogrammes. Il est peu abondant dans la nature relativement aux autres variétés de lignite; le frottement n'y développe point d'odeur; il brûle avec flamme en donnant une fumée noire et une odeur désagréable; il ne se boursoufle pas comme la houille, et ne coule pas comme les bitumes solides; il fournit par la distillation de l'acide acétique en partie saturé d'ammoniaque.

Son origine paraît être la même que celle des bitumes, de la houille, du charbon de terre, etc., que l'on regarde comme provenant d'une décomposition lente de substances organiques. Son gisement est le plus souvent à 12 mètres de profondeur environ.

Il en existe en France dans quelques houillères de la Provence, à Sainte-Colombe, à Peyra et à la Bastide, près de Quilian; en Espagne, dans la Galice, l'Aragon et les Asturies. Le jayet que l'on retirait de ces provinces dans le dix-huitième siècle était en réputation, parce qu'il était pur et doux au travail. On en trouve également en Allemagne, en Angleterre et en Prusse, où il se rencontre dans les mêmes localités que le succin ou ambre jaune, c'est ce qui fait qu'on lui a donné le nom d'*ambre noir*.

On fait, avec le jais, des boutons, des croix, des chapelets, des colliers, des pendants d'oreilles, des bracelets, des ceintures, etc., principalement pour les parures de deuil.

On en fait aussi une infinité d'autres petits ouvrages de goût : les uns, et c'est le plus grand nombre, sont taillés sur des meules de grès qui tournent horizontalement, qu'on a soin d'humecter continuellement, et à l'aide desquelles on use la surface du jayet pour le tailler à facettes de la même manière que fait le diamantaire pour les pierres précieuses ; les autres sont travaillés ou façonnés à la lime. Quand les fabriques de bijoux en jais de Sainte-Colombe, dans le département de l'Aude, qui sont les plus considérables de la France, étaient dans leur état de prospérité, un bon ouvrier ébauchait par jour de 1,500 à 3,000 grains, suivant leur grosseur ; celui qui devait les percer faisait 3,000 à 6,000 trous et le polisseur 10,500 facettes dans une journée. Dans le siècle dernier, ces fabriques occupaient jusqu'à mille ouvriers. Relativement à ce qu'elles étaient autrefois, elles sont aujourd'hui réduites à un état de nullité presque complet.

La nation chez laquelle les ornements en jais ont eu le

plus de vogue est la nation espagnole, qui en faisait un grand commerce avec ses colonies.

Comme le marbre, la nacre, l'albâtre, la porcelaine, etc., le jais peut être employé à mille objets divers ; il s'harmonise parfaitement avec l'or, avec l'argent, le bronze doré et avec les autres métaux qui entrent dans les objets de luxe et d'ornement.

Il ne faut pas confondre avec le véritable jais les bijoux à bon marché que l'on vend dans le commerce également sous le nom de jais ou de jayet, et qui ne sont autre chose que du verre noirci ou soufflé ; ils n'ont que l'éclat du jais sans en avoir la solidité. En général cette imitation se présente sous la forme de petits cylindres percés dans leur longueur. Ce sont des morceaux de tube de verre noir obtenus par un mélange d'oxyde de cuivre, de cobalt et de fer.

L'IVOIRE.

Ses caractères. — Ses diverses espèces. — Ivoire végétal. — Ile à ossements.
L'ivoire chez les anciens. — Ivoire liquide.

I

On appelle *ivoire* la substance osseuse qui constitue
les énormes dents connues sous le nom de défenses de
l'éléphant.

Le réseau de losanges ou d'alvéoles rhomboïdales que
l'on observe dans la coupe transversale de ces défenses
est un caractère qui les fait connaître facilement, et qui
les distingue surtout des os ordinaires, dans lesquels on
n'aperçoit que des couches et des voies longitudinales.

Cette substance a un tissu, une couleur, une finesse de
grain et une dureté qui la rendent très-utile dans un
grand nombre d'arts. On en fait des dents artificielles,
des manches d'instrument, des éventails, des statuettes,
et une foule de petits ouvrages d'une extrême délicatesse.
Dans une des dernières expositions de l'industrie française on a pu remarquer un petit vaisseau en ivoire avec
ses agrès, ses voiles, ses cordages, digne d'admiration
par le fini de son travail.

Les défenses d'ivoire brut sont connues sous le nom
de *morfil*; on en a trouvé du poids de quatre-vingts kilogrammes.

Les dents de l'hippopotame, du morse et du narval fournissent aussi des espèces d'ivoire très-estimées.

Les principales espèces d'ivoire sont :

1° L'*ivoire de Guinée*, qui est le plus serré, le plus estimé de tous ; il est légèrement blond et translucide, il blanchit en vieillissant, tandis que tous les autres jaunissent ;

2° L'*ivoire du Cap*, qui est blond, mat et parfois un peu jaune ;

3° L'*ivoire de Ceylan*, qui est d'un blanc rose-tendre ; il est très-rare ;

4° L'*ivoire fossile de Sibérie*, qui est très-abondant et parfaitement conservé, quoiqu'il soit enterré depuis la dernière révolution du globe ; il est d'une couleur blanche, légèrement verdâtre. C'est pour cela qu'on le connaît sous le nom d'ivoire vert.

On appelle *ivoire végétal*, et aussi noix de *Tagua*, la semence d'un arbrisseau du Pérou, le *phytelephas* à gros fruits des botanistes, que les tourneurs substituent à l'ivoire, depuis quelques années, pour une foule de petits objets élégants. Il a été importé pour la première fois en Europe vers 1826. Il est d'une blancheur magnifique, plus pure que celle de l'ivoire d'éléphant et presque aussi dur que lui, seulement, l'eau le ramollit, mais la dessiccation lui rend de nouveau sa consistance.

On distingue l'ivoire végétal du véritable ivoire en y déposant une goutte d'acide sulfurique, qui y développe une teinte rose, qu'un simple lavage à l'eau fait disparaître, tandis que cet acide ne produit aucune altération sur l'ivoire animal.

II

L'ivoire est le principal produit de la dépouille des éléphants ; la peau, qui est fort épaisse et à l'épreuve du sabre lorsqu'elle est sèche, sert à divers usages, entre autres à faire d'excellents boucliers ; certaines peuplades font grand cas de la queue, surtout du bouquet de poils qui la termine ; elle est considérée comme un talisman.

On distingue deux espèces d'éléphants : l'éléphant des Indes, qui a 2 molaires de chaque côté à chacune des mâchoires, 5 ongles aux pieds de devant et 4 à ceux de derrière ; il est d'une force remarquable ; il fait aisément 80 kilomètres par jour, chargé d'un poids de 1,000 kilog. Il est doux et fort intelligent.

L'éléphant d'Afrique n'a qu'une molaire de chaque côté et 3 sabots seulement, à chacun des pieds de derrière. Quoiqu'il soit moins grand que l'éléphant des Indes, il a les oreilles plus larges, la peau plus brune et les défenses plus longues. Il est également plus farouche et plus difficile à apprivoiser.

Les éléphants vivent à l'état sauvage dans les forêts et les lieux marécageux des contrées les plus chaudes de l'Asie et de l'Afrique. Ils se tiennent par troupes nombreuses vivant de graines, d'herbes, de feuillage et de racines. On leur fait la chasse de diverses manières ; ordinairement on forme dans la forêt une vaste enceinte de pieux qui se ferme par une trappe. On y conduit un éléphant apprivoisé que l'on fait crier ; les éléphants sauvages arrivent, pénètrent dans la palissade, et la trappe se

ferme. On en prend aussi au moyen de grandes fosses
ouvertes établies sur leur passage. D'autres fois trente,
quarante chasseurs et plus organisent des chasses à tire. Il
arrive également que de simples amateurs vont deux
ou trois seulement, avec des armes à feu et des haches,
chercher à surprendre les éléphants séparés de la troupe.
Ils n'ont d'autre but alors que de s'emparer des défenses
(fig. 32).

Le nord de la Sibérie et l'île de Liakow ne sont, en
grande partie, qu'une agglomération de sables, de glaces
et de dents d'éléphant. A chaque tempête la mer jette
sur ses rivages de nouveaux débris de squelettes de
mammouth ou éléphant fossile, et les habitants peuvent
faire un commerce lucratif de l'ivoire que leur renvoient
ainsi les vagues.

Pendant l'été, un grand nombre de barques de pêcheurs se dirigent vers cette île à ossements, et en hiver
d'immenses caravanes prennent le même chemin. Les
convois, traînés par des chiens, reviennent chargés de défenses de mammouth, pesant chacune de 75 à 100 kilos.

L'ivoire fossile ainsi recueilli dans les glaces du Nord,
est importé en Chine et en Europe, où il est employé au
même usage que l'ivoire ordinaire, fourni, comme on le
le sait, par l'éléphant et l'hippopotame de l'Asie et de
l'Afrique.

L'île à ossements a sept carrières de cette précieuse
matière; on en exporte en Chine depuis plus de cinq
cents ans et en Europe depuis plus de cent ans; cependant le produit de ces mines étranges ne paraît diminuer
en aucune manière.

Fig. 32. — Éléphants surpris par des chasseurs.

L'éléphant est, parmi les animaux que l'on a rencontrés dans l'ancien continent, celui que l'on a le plus souvent déterré. Mais il paraît que cette sorte d'éléphant, très-semblable à celui des Indes, n'était cependant point de la même espèce. Les alvéoles de ses défenses étaient beaucoup plus longs, sa trompe devait être beaucoup plus épaisse, mais sa taille n'était pas supérieure.

Un cadavre de ces animaux, découvert en Sibérie, a fait voir qu'il était couvert d'un poil épais, sa nuque était chargée d'une sorte de crinière, ce qui porte à croire qu'il vivait dans les climats froids.

Tous ces ossements fossiles sont si bien conservés, leurs parties les plus délicates sont tellement intactes, que l'on ne peut songer sans étonnement aux milliers d'années qui ont passé sur ces débris.

> Ces grands rhinocéros, ces vastes éléphants,
> Du midi dépeuplé gigantesques enfants,
> En foule dans le Nord plongés aux mêmes tombes
> Et du règne animal immenses hécatombes.
> (DELILLE, *les trois Règnes.*)

III

L'ivoire perd le plus souvent sa blancheur au contact de l'air et de la poussière; on peut l'empêcher de jaunir, de se ternir, en l'enfermant sous une cloche de verre hermétiquement close; ainsi exposé aux rayons du soleil, il devient même plus blanc.

On peut teindre cette substance de différentes couleurs. Pour cela, après l'avoir laissé tremper pendant quelques heures dans une dissolution d'alun ou dans du vinaigre, on le plonge dans un bain de bois de Brésil, de safran ou d'épine-vinette, de vert-de-gris, de campêche ou de sel de fer, selon que l'on veut avoir le rouge, le jaune, le vert ou le noir.

Darcet est parvenu, en tannant la gélatine extraite de l'ivoire, à la convertir en une écaille factice, tout à fait semblable à l'écaille rouge, aujourd'hui si chère, et avec laquelle on fait de beaux ouvrages de tabletterie.

L'ivoire était connu des peuples de l'antiquité, qui l'employaient soit pour orner leurs maisons et leurs temples, soit pour sculpter les images de leurs dieux, soit même pour faire des meubles. Plusieurs passages de la Bible prouvent que les Hébreux en décoraient jusqu'aux murs de leurs palais.

Il y avait dans la Grèce des artistes distingués par leur goût et par leur adresse à travailler cette matière. Homère nomme un certain Semalius qui excellait dans ces sortes d'ouvrages; souvent aussi il parle de fourreaux et de gardes d'épée, même de lits et d'autres ustensiles faits de cette substance.

La Grèce présentait plus de cent statues d'ivoire et d'or, la plupart très-antiques et presque toutes au-dessus de la stature humaine. Les anciennes lyres étaient en ivoire, il en est de même des chaises des premiers rois et consuls à Rome. Le plafond des salles à manger du *Palais d'or* de Néron était formé de feuilles d'ivoire mobiles, d'où se répandaient sur les convives des fleurs et des parfums.

IV

L'ivoire est une substance facile à travailler : il ne s'écaille pas comme le marbre et n'a pas de veines comme le bois. Les anciens, qui faisaient beaucoup de travaux artistiques en ivoire, avaient des procédés pour l'amollir. Quatremère de Quincy, qui a étudié d'une manière spéciale l'art de la sculpture antique, est parvenu à trouver la méthode qu'ils suivaient.

Les défenses d'éléphant étant pleines au bout, creuses au tiers de leur longueur, on détachait la partie solide, de manière à en faire autant de morceaux cylindriques, que l'on aplatissait en les amollissant au moyen de la vapeur, et, selon Dioscoride, en les faisant bouillir avec de la racine de mandragore, ce qui les rendait malléables comme de la cire. On en formait ainsi des plaques pouvant avoir plus de 66 centimètres de superficie, sur une épaisseur de 3 à 11 centimètres.

On exécutait d'abord le modèle de la statue en cire ou en terre glaise, de la dimension précise qu'elle devait avoir, et on la coulait ainsi en plâtre. On traçait ensuite sur ce plâtre des lignes indiquant la forme et le nombre des morceaux à employer, en prenant soin que les jointures tombassent dans les endroits les moins visibles. Puis on le coupait avec une scie très-fine en autant de morceaux, de manière à ce qu'ils pussent être rapprochés avec une précision rigoureuse.

On imitait alors sur l'ivoire chacun des fragments dont la statue devait se composer. Cette imitation pouvait être exécutée par des praticiens, et l'artiste donnait la dernière main à l'ouvrage. Ces fragments, collés ensuite sur des planchettes de bois, se réunissaient pour former la statue. Les joints étaient si bien ménagés que l'œil pouvait à peine les distinguer de près; ils disparaissaient tout à fait à la distance d'où le plus souvent il fallait les regarder. Une armature de fer soutenait la statue entière. On eut recours à ces procédés pour le Jupiter Olympien et la Minerve de Phidias.

Il y a quelques années on annonça une importante découverte due à une femme, madame Rouvier-Paillard, qui serait destinée à un grand succès si ce que l'on en disait était vrai; mais je crois que l'on a un peu exagéré. Voici comment cette découverte était annoncée dans quelques feuilles scientifiques : « Il s'agit d'un procédé au moyen duquel l'ivoire liquéfié est employé à prendre l'empreinte de bas-reliefs et de sculptures de la plus grande dimension. Réduit en pâte, l'ivoire est coulé dans le creux sans aucune pression, et lorsqu'il est revenu à l'état solide, il prend le modèle avec une parfaite exactitude dans ses détails les plus délicats. Lorsqu'on n'a pas connaissance de ce procédé, on demeure confondu en voyant des bas-reliefs d'un mètre de hauteur en ivoire d'un seul morceau.

« Les boiseries sculptées du chœur de Notre-Dame de Paris ont été reproduites par ce nouveau moyen plastique. »

Autrefois on faisait entrer dans les remèdes, comme astringent, sous le nom de *spodes d'ivoire*, l'ivoire réduit en poudre.

L'OR.

I

L'or a été de tout temps le signe représentatif de toutes les valeurs commerciales, et par conséquent de la richesse des peuples ; il jouit d'un grand nombre de propriétés particulières qui le rendent extrêmement précieux.

La belle couleur de l'or, sa ductilité, sa malléabilité, sa ténacité, son inaltérabilité à l'air sec ou humide, sa résistance à l'action immédiate du soufre, des alcalis et de presque tous les acides, l'ont fait considérer à toutes les époques comme le premier et le plus parfait des métaux ; aussi les alchimistes l'avaient-ils nommé *le roi des métaux*.

L'or pur est d'un beau jaune ; il n'a ni odeur ni saveur ;

sa ductilité est telle qu'on peut le réduire en feuilles de
$0^m,00009$ d'épaisseur; $0^{gr},065$ d'or suffisent pour couvrir
une surface de $3^m,068$ carrés, et 31 grammes pour dorer
un fil d'argent de 200 myriamètres de longueur.

Un fil d'or du diamètre de 2 millimètres peut supporter sans se rompre un poids de $68^{kil\cdot},216$, tant
est grande sa ténacité; sa densité, c'est-à-dire son poids
comparé à celui de l'eau, est de 19,4. Il est bon conduc-
teur du calorique et du fluide électrique. Il est fusible à
32 degrés du pyromètre; on facilite sa fusion au moyen
d'une petite quantité de nitre ou de borax. Une feuille
d'or placée entre l'œil et la lumière paraît d'un bleu verdâtre.

Si, sous la forme d'une lame mince ou d'un fil, on le
soumet à l'action d'une forte décharge électrique, il se
réduit en une poussière purpurine. Lorsqu'il est fondu
et refroidi à sa surface, si on décante la portion restée
liquide au centre, on l'obtiendra cristallisé en portions
octaédriques ou en pyramides quadrangulaires.

II

Un métal aussi peu disposé à la combinaison doit
exister à l'état natif; aussi n'est-ce qu'en cet état qu'on
le rencontre dans la nature, ou seulement allié à un petit
nombre de métaux, tels que l'argent, le cuivre, le fer,
l'antimoine, l'arsenic, l'étain et le tellure.

Il se rencontre assez fréquemment en *pépites*, depuis
la grosseur d'une tête d'épingle jusqu'à celle du poing. Il

en est même dont le poids atteint de 20 à 30 kilogrammes, et qui par conséquent ont une valeur de 60 à
90,000 francs, en comptant l'or à trois francs le
gramme. On le trouve également sous forme de rameaux, ou régulièrement cristallisé en cubes ou en
octaèdres, le plus souvent en fils déliés et contournés,
en grains plus ou moins gros, occupant des filons qui
traversent des roches primitives. Il est quelquefois disséminé en particules imperceptibles dans des substances
que l'on nomme *aurifères*, telles que le cuivre pÿriteux,
le sulfure d'argent, le fer sulfuré.

Il se trouve surtout abondamment disséminé sous forme
de paillettes dans les terrains de transport ou d'alluvion,
dans le lit des fleuves ou des rivières, tels que le Rhin,
le Rhône, l'Ariège, le Gard, etc.

III

L'or en paillettes des terrains d'alluvion, ou mêlé au
sable des rivières, en est séparé mécaniquement et au
moyen du lavage. C'est, en France, l'unique occupation
d'un petit nombre d'hommes que l'on nomme *orpailleurs*,
et des nègres ou négresses en Afrique et en Amérique
(fig. 33). Ils se servent à cet effet de tables à cannelures
inclinées et recouvertes d'étoffe de laine, ainsi que de sé-
biles à main, qu'ils font mouvoir avec beaucoup d'a-
dresse.

L'or gaulois, suivant M. Debombourg, a ses principaux gisements dans les Alpes, les Pyrénées et les Cé-

vennes; les cours d'eau qui sortent de ces montagnes ne font que charrier les parties du métal désagrégées de la roche.

Probablement il n'existe en France qu'un seul véritable filon d'or minéral, c'est celui de la Gardette (Isère), découvert en 1700 et exploité jusqu'en 1841, mais qui a coûté dix fois ce qu'il a rapporté.

Les principaux cours d'eau aurifères des Alpes sont : le Rhin, le Rhône, et l'Arve; ceux des Pyrénées : l'Ariège, la Garonne, le Salot; ceux des Cévennes : l'Ardèche, la Cèze, le Gardon et l'Hérault.

Le Rhône charrie des paillettes d'or et même des pépites. Il en était de même à l'époque des Celtes, qui trouvaient l'or natif désagrégé de la gangue au milieu des galets et des cailloux du fleuve.

La richesse aurifère du Rhône conserva longtemps son importance : c'est elle qui donna lieu à l'industrie des *orpailleurs*, que des édits royaux de Louis XI à Louis XIV appellent ouvriers *cueilleurs de paillettes d'or*.

Il y avàit des orpailleurs à la Roche-de-Glun, à la Voulte, à Saint-Pierre-de-Bœuf, à Condrieu, à Givors et à Miribel. Dans la Michaille et une partie du pays de Gex, les habitants s'occupaient, pendant les basses eaux de l'hiver, à rechercher les paillettes d'or du Rhône, qu'ils trouvaient d'ordinaire en soulevant de grosses pierres et en enlevant le sable qui les environnait. Ils retiraient de ce travail une journée de 12 à 20 sols de la monnaie de l'époque.

Au commencement du dix-huitième siècle, le Rhône, d'après un historien lyonnais, Colonia, fournissait une telle quantité de paillettes, qu'un grand nombre d'ouvriers y trouvaient à faire un lucre honnête. Duchoul cite le Gier, près de Saint-Étienne, et Papire Masson, le Chevalet en Forez comme roulant de l'or.

Les minerais d'or en roche sont bocardés et lavés pour en séparer la gangue, plus légère; le métal obtenu par ce moyen est fondu avec partie égale de plomb, et l'alliage est soumis à la coupellation: Mais si l'or est disséminé dans la gangue en parties si ténues qu'on ne puisse les isoler par le lavage des substances qui l'accompagnent, on s'y prend d'une autre manière. On profite de l'affinité si remarquable que l'or a pour le mercure; on pétrit avec ce métal le minerai d'or réduit en poudre fine; le mercure s'empare des parcelles d'or les plus petites, et l'on obtient ainsi un amalgame d'or.

On distille ensuite cet amalgame dans des cornues de fonte; le mercure passe dans un récipient où il se condense au moyen de l'eau, et l'on a pour résidu l'or, que l'on calcine pour le priver des dernières portions de mercure qu'il pourrait retenir. Ce procédé, que l'on appelle *procédé par amalgamation*, est le plus usité, le plus sûr, le plus expéditif, et celui qui donne l'or le plus exempt de métaux étrangers.

IV

Plus l'or est pur, moins il a de consistance; il se ploie facilement lorsqu'il n'a pas beaucoup d'épaisseur; on l'allie au cuivre pour augmenter sa dureté; la monnaie d'or, en France, contient un dixième de cuivre; l'or employé à la fabrication des bijoux en contient encore davantage. La loi reconnaît trois sortes d'alliages d'or, qu'on appelle titres de l'or. Le premier est formé de 920 d'or et de 80 de cuivre; le second, de 840 d'or et de 160 de cuivre; le troisième, de 750 d'or et de 250 de cuivre.

Ainsi la monnaie d'or est au titre de 900 millièmes, et les ouvrages d'orfévrerie à l'un des trois titres de 920, 840 ou 750 millièmes de fin.

Le Pactole est bien peu de chose, quand on le compare à notre hôtel des Monnaies du quai Conti. Il y a dans l'atelier du monnayage 20 machines dites Tonnelier frappant une pièce d'or à la seconde, qui, multipliées par 60, font 1,200 pièces à la minute. Mais tout cela n'est pas pour la France; beaucoup d'États civilisés font aujourd'hui frapper du numéraire à l'hôtel du quai Conti, même la Chine et le Japon. La confiance dans le titre et la précision des monnaies qui sont frappées en France est universelle; l'hôtel des Monnaies de Paris est un établissement unique dans le monde, l'activité qui y règne surprend tous les visiteurs.

L'alliage d'or et de cuivre est le plus employé dans les arts. Ce métal s'allie encore à l'arsenic, à l'étain, au fer, au zinc; l'alliage d'or et d'arsenic a une couleur grise; celui d'or et de zinc, une couleur blanche; celui d'or et de fer, une couleur gris jaunâtre; cet alliage, plus fusible que le fer et l'acier, est employé pour souder ces substances.

Le produit des mines d'or de l'Australie a été évalué

Fig. 33. — Les Orpailleurs.

pour 1867 à 145,040,175 francs, contre 170,991,850 en 1866, et 126,278,250 en 1865; soit à un total général de 442,310,275 fr. pour les trois années.

Les mines de Victoria, à elles seules, ont produit l'année dernière 1,493,831 onces d'or, et la compagnie a payé un dividende de 20,500,000 fr.

Le nombre des mineurs est de 65,857, gagnant en moyenne 45 fr. par semaine. Les exploitations privées et les compagnies qui ne publient pas de rapport doivent donner un produit égal au précédent.

Les États-Unis ont envoyé en Angleterre 125,654,625 francs en 1867, contre 210,307,150 en 1866, et en 1865, 107,612,375. — Total : 443,574,150 fr.

Le chiffre total de l'or exporté des États-Unis est de 195,251,975 fr. pour 1867, contre 318,551,475 en 1866, et 212,333,300 en 1865, ce qui donne un total de 726,136,750 fr.

La France absorbe la plus grande partie de l'or exporté d'Angleterre; elle en a reçu en 1867 pour une valeur de 150,858,500 francs, contre 211,631,075 en 1866, et 106,582,150 en 1865; ce qui donne pour les trois années un total de 469,071,725 fr.

V

L'or n'est jamais employé pour la fabrication des monnaies, ni livré au commerce, sans qu'au préalable le titre n'en ait été déterminé.

L'*essai* est l'ensemble des opérations nécessaires pour

s'assurer du titre. Pour cela on se sert de petits vases ou coupelles, fabriquées avec de la poudre d'os calcinés, dans lesquels on fait fondre la portion d'or que l'on veut étudier, après y avoir ajouté les quantités d'argent et de plomb nécessaires. C'est la raison pour laquelle on a donné à cette opération le nom de *coupellation*.

Dans les essais d'or au moyen de la coupellation, on agit toujours sur un gramme ou un demi-gramme, ou deux décigrammes au moins de la matière; mais quand il faut déterminer le titre de bijoux très-délicats, à jour ou en creux, et dont le poids est à peine de quelques grains, on a recours à un autre mode d'essai, qu'on nomme *essai par le touchau*.

Le touchau est une petite barre d'or à quatre pans, un peu aplatie; chaque touchau représente un des titres établis par la loi. On a donc autant de touchaux que la loi reconnaît de titres; ces titres, au nombre de trois, sont exprimés, comme nous l'avons dit, par les dénominations de 750, 840 et 920 millièmes de fin.

Dans ce cas, on s'aide de la *pierre de touche*, qui est un schiste noir, dur, rugueux, mais d'un grain très-fin et très-serré et surtout très-susceptible de conserver les traces des métaux qu'on y frotte. Il ressemble beaucoup au basalte et prend assez bien le poli, malgré les aspérités indispensables à son emploi. Quoique sa couleur soit particulièrement noire, on en rencontre aussi d'un vert extrêmement sombre. Il est d'un grand emploi pour l'appréciation par comparaison des divers titres de l'or.

Pour faire l'essai d'une pièce, on l'appuie et on la frotte sur la pierre de touche, assez fortement pour y

laisser une trace pleine; on agit de la même manière
avec le touchau portant le titre que la pièce doit avoir;
puis à l'aide d'un tube de verre dont on plonge le bout
dans une liqueur acide, on étend également sur les deux
traces métalliques la petite portion d'acide qui est restée
au tube. Cette liqueur acide est composée de 3 parties
d'acide nitrique et de 1 partie d'acide muriatique ou
hydrochlorique.

L'essayeur juge aussitôt, par la nuance que prend
le métal soumis à l'essai, si son titre est inférieur à
celui du touchau, et lorsqu'il a l'habileté que donne une
longue expérience, il est rare qu'il n'apprécie pas la différence qui existe entre les traces comparées des deux
métaux, quand même cette différence ne serait que de
15 millièmes.

VI

L'or ne s'oxyde pas directement; on prépare l'oxyde
d'or en mêlant à la dissolution de ce métal une substance alcaline; la magnésie délayée dans l'eau et ajoutée
à la dissolution d'or en opère beaucoup mieux la précipitation que la potasse; le précipité que l'on obtient
est toujours mêlé de magnésie, que l'on sépare en traitant le précipité par l'acide nitrique, qui dissout la magnésie et n'exerce aucune action sur le peroxyde d'or. Ce
peroxyde, bien lavé, est jaune; il est facilement décomposé par la chaleur, qui en dégage l'oxygène; il est formé
de 12 parties d'oxygène pour 100 de métal. Le sulfure

d'or, que l'on obtient en faisant traverser la dissolution d'or par un courant d'acide hydrosulfurique, est formé de 24 parties de soufre pour 100 de métal.

Les acides employés isolément n'ont aucune action sur l'or ; l'acide nitrique à 40 degrés et aidé de la chaleur ou chargé de deutoxyde d'azote, est le seul qui, à la longue, en dissolve une très-petite quantité. Le chlore liquide a de l'action sur l'or en feuilles très-minces et le dissout ; ce n'est cependant pas par cette action directe que l'on prépare le chlorure d'or, mais au moyen d'un mélange d'acides hydrochlorique et nitrique : 4 parties du premier à 22 degrés et 1 partie du second à 32 degrés sont les proportions que l'on emploie de préférence pour dissoudre l'or.

Ce mélange connu autrefois sous le nom d'*eau régale*, à cause de sa propriété de dissoudre le roi des métaux, et nommé aujourd'hui acide hydro-chloro-nitrique, est le meilleur dissolvant de l'or. Lorsque ce métal est divisé, la dissolution s'opère à froid ; on n'a recours à la chaleur que quand l'or est en morceaux ou en grenaille.

La dissolution de chlorure d'or a une couleur jaune, tirant sur l'orange quand elle est concentrée ; sa saveur, légèrement styptique, n'a point l'âpreté des dissolutions de cuivre ou d'argent.

VII

Lorsqu'on verse de l'ammoniaque dans la dissolution d'or étendue d'eau, il se forme sur-le-champ un précipité de couleur jaune, qu'on lave et qu'on dessèche pour le conserver. Ce précipité est formé d'or et d'ammoniaque; c'est un *ammoniure d'oxyde d'or*, ou bien encore un *aurate d'ammoniaque*. Ce composé d'oxyde d'or et d'ammoniaque est l'*or fulminant*, découvert par Berthollet; il détone fortement par la chaleur, par le choc et par un frottement longtemps prolongé.

Quelques gouttes de protochlorure d'étain, versées dans la dissolution d'or étendue d'une grande quantité d'eau, y forment sur-le-champ un précipité léger, floconneux, d'un beau rouge, qui porte le nom de *précipité pourpre de Cassius*. On se sert de ce composé pour produire les belles couleurs pourpres et violettes dans la fabrication des porcelaines de prix.

La dissolution d'or tache la peau en pourpre violâtre; ces taches ne disparaissent qu'avec l'épiderme; elle colore de la même manière les substances organiques végétales et animales, telles que le papier, le bois, les os, l'ivoire, etc. Elle est décomposée par toutes les substances qui tendent à s'emparer de l'oxygène : le charbon, l'hydrogène, le phosphore; aidés de la chaleur de l'eau bouillante, un grand nombre de métaux, l'éther, les huiles essentielles, etc., etc., en opèrent la décomposition, et par suite de l'action de ces corps l'or se réduit et se précipite.

VIII

On emploie fréquemment ce métal dans les arts à couvrir la surface d'un grand nombre de corps. On l'applique sur le bois, le plâtre, le carton, le papier, le cuir, sur les métaux et certains alliages, tels que le fer, l'acier, le cuivre, le bronze, etc. Cette application porte le nom de *dorure*, et l'on nomme doreurs les ouvriers chargés de la faire.

La dorure s'opère par plusieurs procédés :

1° Le plus ancien est la *dorure au mercure*, déjà décrite par Pline, et qui consiste à déposer sur le métal à dorer un amalgame d'or et de mercure, et à volatiliser ensuite le mercure par la chaleur. L'inconvénient de ce procédé est d'exposer les ouvriers à l'action délétère des vapeurs mercurielles ; ils en contractent souvent de graves maladies comme la salivation, le tremblement nerveux, la paralysie ;

2° La *dorure au feu avec de l'or en feuilles* s'applique au fer et au cuivre : sur le métal râclé, poli et suffisamment chauffé, on applique une ou plusieurs couches d'or, que l'on râcle ensuite avec le brunissoir ; puis on soumet la pièce à un feu doux ;

3° La *dorure à froid ou au pouce* se fait en frottant la pièce avec de l'or en poudre, au moyen d'un bouchon et même du pouce, jusqu'à ce que la couche ait une épaisseur convenable ; puis on opère le brunissage avec de l'eau de savon ;

4° La *dorure par immersion ou au trempé*, procédé fort rapide, économique et applicable aux objets les plus délicats. On plonge le métal à dorer dans un bain composé d'une dissolution bouillante de chlorure d'or, puis dans un bain de bicarbonate alcalin. Ce procédé a été introduit dans l'industrie par M. Elkington, en 1836 ;

5° La *dorure galvanique*, exécutée avec succès depuis 1840, a pris un essor considérable dans ces dernières années ; le procédé par lequel on l'exécute s'emploie également avec avantage pour déposer l'argent, le platine ou un métal quelconque sur tout autre métal.

Ce procédé consiste à maintenir les objets à dorer dans un bain composé généralement de cyanure de potassium et de cyanure d'or ou tout autre sel d'or ; le tout, dissous dans l'eau, est maintenu à une température constante de 18 à 20 degrés ; le temps de l'immersion varie avec l'épaisseur de la couche d'or que l'on veut déposer. Les objets à dorer sont mis en communication par des fils de laiton doré avec les pôles d'une série de piles.

6° La *dorure sur bois, pierres, ornements en pâtes de toutes natures, sur plâtre, stuc*, etc., s'opère à l'huile ou à la détrempe. On recouvre ces objets d'une couche de céruse délayée dans de l'huile de lin ; on y ajoute un mordant composé d'*or couleur* et d'huile cuite. Lorsque ce mordant est à moitié sec, on le couvre de minces feuilles d'or sur lesquelles on promène, en appuyant un peu, un pinceau plat de blaireau légèrement graissé de suif ; on termine en appliquant sur la dorure un léger vernis à l'alcool.

7° La *dorure sur porcelaine* se fait en y appliquant, avec un pinceau ou à l'aide de planches d'acier, de l'or en poudre ou un sel d'or mis en pâte avec de l'huile de lin, de l'essence de térébenthine, etc. On soumet au brunissage après la cuisson.

8° Pour dorer les tranches des livres, on les met en presse, très-serrés ; on applique dessus une légère couche

de blanc d'œuf battu, puis une seconde de la même substance, à laquelle on ajoute un peu de bol d'Arménie et
de sucre candi en poudre ; on égalise bien cette couche
lorsqu'elle est sèche, puis on la mouille légèrement, et
l'on y applique ensuite l'or en feuilles que l'on brunit à la
dent de loup.

On procède de la même manière pour imprimer des
lettres d'or sur la couverture des livres reliés ; après avoir
ainsi préparé la place à imprimer, on y dépose la feuille
d'or, qu'on y fixe à l'aide de fers chauds gravés en relief.
On frotte ensuite avec du coton pour enlever l'excédant
de l'or.

La couleur des bijoux dorés qui n'ont point été ce
que l'on appelle *mis en couleur* est toujours rouge ; pour
changer ce rouge en jaune pur, couleur naturelle de
l'or, les orfèvres les plongent et même les font bouillir
pendant quelques instants dans un mélange à parties
égales de nitre, de sel marin et d'alun dissous dans l'eau.

A l'aide de l'eau régale très-faible qui se forme par
l'action mutuelle de ces sels, le cuivre est enlevé de la
surface, où l'or, resté seul et pur, reprend sa couleur.

C'est ce que les orfèvres appellent *mettre les bijoux en
couleur.*

IX

Anciennement, les gens peu instruits étaient disposés
à croire que les substances rares et précieuses devaient
avoir sur l'économie animale des vertus proportionnées

à leur prix : de là l'emploi d'un grand nombre de préparations connues sous les dénominations d'*élixir d'or*, de *gouttes d'or*, *d'or potable*, de *feuilles d'or*, dans les électuaires, aussi bien que de pierres précieuses, qui depuis sont tombées dans l'oubli.

De nos jours cependant, quelques médecins ont essayé d'employer l'or spécialement pour le traitement de différentes maladies, telles que des affections lymphatiques et autres pour lesquelles on use de mercure, et plusieurs tentatives n'ont point été sans succès. On administre les préparations d'or de deux manières : à l'extérieur, en frictions, et à l'intérieur. Dans ce dernier cas, on mêle une partie de sel triple d'or et de soude avec deux parties d'une poudre végétale, comme celles de réglisse ou d'iris de Florence, afin de modérer l'action de ce sel.

X

L'or, c'est le Dieu du jour, le Dieu de l'égoïsme. Cependant, il devrait être comme un reflet du Dieu d'amour qui fait lever son soleil sur les bons et sur les méchants. A peine osé-je transcrire dans ces pages de science, qui sont loin d'être sentimentales, les lignes suivantes que je confiais il y a quelques années à l'album d'un ami :

« Les personnes les plus dévouées à l'humanité prêchent souvent le mépris de l'or; mais je crois que l'on devrait prêcher le contraire, car l'or c'est le bienfaiteur universel, c'est le messager de Dieu : il soulage tant de maux et procure tant de biens !

« J'étais malade ; la vie, lasse de tant souffrir, voulait s'échapper de sa demeure ; vainement mes efforts essayaient de cacher ma douleur : on la lisait sur mon visage, je ne subissais plus que le sourire des sots et le mépris des riches.

« L'or a dit : Me voilà, calme ton agitation, rafraîchis ta fièvre, repose en paix, et la santé te visitera ! — Je me suis reposé, et la santé est venue me visiter.

« Le printemps de ma vie s'achevait, un vide vaste comme l'infini oppressait mon cœur, qui cherchait un autre cœur à aimer, et avec lequel il pût fondre son existence. Le cœur cherché se révéla ; deux regards m'enveloppèrent d'amour, je languissais. — L'or vint, il me dit : Sois heureux ! et je fus heureux.

« Les jours d'amertune sont nombreux sur la terre ; mon pauvre ami gémissait sur sa chétive couchette ; sa femme, ses petits enfants en détresse l'environnaient ; la fièvre le consumait et pas un baume pour rafraîchir son sang. — Me voilà, dit l'or ; va, et secours ton ami ! — J'y fus, et je secourus mon ami.

« Pauvre orpheline ! Plus de pain, plus de travail ; ta poitrine est oppressée, tes yeux sont éteints, ton intelligence même vacille sous l'étreinte de l'impitoyable misère, qui ne te laisse plus entendre que deux voix d'épouvante : la Seine aux flots sombres, vaste tombeau mouvant de tant d'infortunes, roule ses courants, où s'agitent les agonies désespérées ; d'un autre côté la dépravation te présente la vie et son ivresse, les tables somptueuses, les lambris éblouissants, les molles ottomanes. — Va, me dit l'or, cours, aide la vertu aux prises avec ces terribles angoisses! — Je fus vers elle, et la vertu aidée resta victorieuse. »

Un pieux et savant prêtre de mes amis, M. Pillet, jadis précepteur des princes de Piémont, et dont la bienfaisance était inépuisable, disait à de vénérables religieuses : « Par charité, mes sœurs, vous faites vœu de pauvreté; mais moi, par charité, je ferais vœu de richesse, si c'était possible! »

L'or, cet admirable Protée, se transforme en soleil bien aimé du midi, en air parfumé des montagnes; en vin suave, régénérateur de la vie; en doux repos, calmant de la fièvre ardente; en voyage de fantaisiste, remède souverain des maux du corps et de l'âme; et bien plus, en force morale, en soutien de la vertu chancelante. C'est la tisane du malade, le pain des forts, le repos des affligés, l'espérance du malheur. C'est en un mot la bonté et la puissance de Dieu en provision. Malheur à celui qui le profane, en changeant l'aliment de vie en aliment de mort; il rendra compte du désespoir de l'infortuné et du sang des malheureux.

L'ARGENT.

]

L'argent, connu de toute antiquité, était désigné autrefois sous le nom de Lune et de Diane.

Ce métal est d'un blanc des plus éclatants, susceptible de prendre un très-beau poli; il n'a ni saveur ni odeur; le contact de l'air ne lui fait éprouver aucune altération, à moins qu'il n'y existe des vapeurs sulfureuses. Sa dureté n'est pas considérable; on ne pourrait même pas fabriquer avec l'argent pur des ustensiles durables, si on ne lui donnait pas plus de consistance en l'alliant avec un peu de cuivre ou d'autres métaux. Sa pesanteur spécifique comparée à celle de l'eau est de 10 1/2.

Il est d'une ductilité et d'une malléabilité remarquables. On en fait des fils très-déliés et des feuilles si minces que le moindre vent les enlève. Sa ténacité est très-grande : un fil de 2 millimètres de diamètre supporte un poids de 85 kilogrammes sans se rompre.

Lorsqu'il est fondu, l'argent jette encore plus d'éclat que quand il est solide; si on le laisse refroidir lentement et que l'on décante avant que la totalité ne soit figée, on obtient une cristallisation en pyramides quadrangulaires bien déterminées.

II

Ce métal existe dans la nature sous différents états : on le trouve assez fréquemment à l'état natif, tantôt en masses amoncelées plus ou moins considérables, d'autres fois cristallisé assez régulièrement. Dans quelques circonstances, il se présente aussi sous forme de fibres plus ou moins contournées; mais, en général, l'argent natif est rarement pur; le plus ordinairement il est allié avec de l'or, du cuivre, du fer, du plomb, etc.

L'antimoine, le soufre, l'arsenic, le chlore, etc., sont autant de minéralisateurs de l'argent, et ces minerais portent le nom d'argent antimonial, d'argent sulfuré, arséniqué, etc.

Souvent l'argent fait partie de combinaisons beaucoup plus compliquées, et on ne distingue ordinairement ses mines que par les couleurs qu'elles affectent : ainsi on a ce que l'on appelle l'argent rouge, noir, blanc, etc.

Le Pérou et le Mexique possèdent des mines d'argent

Fig. 34. — Types divers de mineurs.

infiniment plus productives que toutes celles de l'ancien continent prises ensemble. Les célèbres montagnes du Potosi en renfermaient de si riches, que les premiers filons que l'on découvrit, en 1545, n'étaient presque entièrement composés que d'argent; on les exploitait au ciseau. Mais plus on a pénétré en avant et plus ce métal est devenu rare. Les mines du Mexique, qui n'ont été découvertes que postérieurement, sont très-multipliées et actuellement plus productives que celles du Pérou.

Les mines d'argent d'Espagne, si anciennement exploitées et autrefois si multipliées, ont été réduites à un très-petit nombre depuis la découverte de l'Amérique.

L'Allemagne compte quelques mines d'argent importantes. En France, les principales sont situées dans les départements de l'Isère et du Haut-Rhin.

La mine de Kœnisberg, en Norvége, visitée, il y a quelques années, par le prince Napoléon, est une des plus remarquables, tant par sa richesse que par la régularité de son site. Des filons puissants, qui ont jusqu'à un mètre d'épaisseur, traversent çà et là, dans une certaine étendue, le terrain, qui est formé de bancs presque verticaux et souvent parallèles entre eux.

L'argent se présente en masses assez considérables. A Sainte-Marie-aux-Mines, dans le département du Haut-Rhin, on a trouvé, dans une terre grasse, des masses de ce métal natif, du poids de 29 kilogrammes. Selon quelques voyageurs, on en a découvert dans certaines mines des blocs pesant au delà de 200 kilogrammes.

Ce métal paraît n'occuper que la partie méridionale de l'Amérique et la partie septentrionale de l'Asie et de l'Europe, le vaste continent de l'Afrique en est dépourvu.

M. de Humboldt fait observer que l'argent se montre dans le nouveau continent, au milieu de gangues qui diffèrent entièrement de celles de notre hémisphère. Les riches mines de Hongrie et de Transylvanie le présentent au milieu de roches porphyriques, tandis que dans la nouvelle Espagne les filons les plus abondants sont engagés dans un calcaire primitif analogue à celui des Alpes.

Par la suspension de cuivre en grain, dans de l'eau de mer, MM. Durocher et Malaguti y ont constaté la présence d'une quantité appréciable d'argent. M. Tuli, en Amérique, a répété l'expérience des savants français, et il est arrivé de son côté à cette conclusion, que l'Océan contient au moins deux millions de tonnes ou deux billions de kilogrammes d'argent; partagés entre tous les hommes, cela ferait 400 francs par tête.

La valeur totale de l'argent importé en 1867 en Angleterre s'élève à 200,522,200 fr., contre 269,417,450 fr. en 1866, et 174,418,025 fr. en 1865. — Total, 644,357,675 fr.

La France figure dans ce chiffre pour 25,028,075 fr. exportés en 1867; 62,463,250 en 1866, et 21,352,775 fr. en 1865. — Total, 108,844, 100 fr.

Les sources principales de l'argent qui vient en Angleterre sont le Mexique, l'Amérique du Sud, excepté le Brésil et les Antilles.

De ces diverses localités il est arrivé en 1867

125,812,375 fr., contre 110,154,075 fr. en 1866, et 123,222,000 fr. en 1865. — Total, 359,188,450 fr.

La quantité d'argent exportée d'Angleterre a été de 160,830,250 fr. en 1867, contre 223,215,700 fr. en 1866, et 167,941,550 fr. en 1865.

Sur ce chiffre la France figure pour : 54,757,700 fr. importés en 1867, contre 52,252,958 fr. en 1866, et 17,488,475 fr. en 1865.

Les exportations dans l'Inde, l'Orient et la Chine sont tombées à 15,285,375 fr. en 1867, contre 63,448,250 fr. en 1866 et 95,206,650 fr. en 1865. — Total, 173,940,275 fr.

III

L'argent entre en fusion à une température évaluée, par quelques observateurs, à 1,000 degrés environ, ou 22 degrés du pyromètre de Wedgwood. Il est très-peu volatile, et cependant lorsqu'il est tenu quelque temps en fusion dans les fourneaux de coupelle il émet des vapeurs et perd de son poids. A une température extrêmement élevée, telle que celle qu'on produit avec le chalumeau à gaz oxygène, la volatilisation est totale et les vapeurs produites brûlent avec éclat.

A aucune température l'eau n'est décomposée par l'argent; ce métal est inaltérable, soit à l'air sec, soit à l'air humide. Il peut même, lorsqu'il est parfaitement pur, absorber l'oxygène sans qu'il y ait combinaison. Suivant Gay-Lussac, ce métal exposé à l'air à l'état de fusion absorbe jusqu'à **22** fois son volume d'oxygène; mais il l'abandonne en se refroidissant.

Parmi les corps simples, le soufre et le chlore sont ceux qui ont le plus d'affinité pour l'argent; il agit sur un grand nombre de composés sulfurés et chlorurés, auxquels il enlève l'un ou l'autre de ces éléments. Lorsqu'il est en contact avec l'hydrogène sulfuré, il perd son éclat : ce gaz produit alors un sulfure d'argent, lequel est de couleur noire; cet effet est surtout marqué dans l'argenterie qui est exposée aux émanations des fosses d'aisances; les cuillers d'argent se ternissent aussi au contact des œufs ou d'autres aliments contenant du soufre.

Pour rendre aux ustensiles leur beauté première, il suffit de les frotter avec un peu d'huile, ou de craie, ou de rouge d'Angleterre, ou encore avec une toile fine imbibée d'ammoniaque; lorsque la teinte noire persiste, le mieux est de les plonger un instant dans de l'acide chlorhydrique bouillant ou dans une dissolution de caméléon minéral.

IV

Avec l'ammoniaque l'oxyde d'argent donne un composé singulier, connu sous le nom d'*argent fulminant*, qui détone avec une extrême facilité.

On obtient cette combinaison en ajoutant à l'oxyde d'argent de l'ammoniaque liquide, jusqu'à ce que le mélange soit réduit à un état de bouillie très-claire : on l'abandonne ensuite à l'évaporation spontanée, et l'on obtient au bout de quelques heures un résidu solide, de couleur grisâtre, qui est l'argent fulminant.

Une légère chaleur, le choc et même le simple contact suffisent pour produire la décomposition de ce corps, qui a lieu avec explosion. On doit opérer sur de petites quantités, afin d'éviter tout danger.

La précipitation des sels par le mercure donne lieu à une curieuse cristallisation métallique connue sous le nom d'*arbre de Diane*. Pour obtenir cette cristallisation, il suffit de mettre dans un verre à pied une dissolution d'azotate d'argent et d'y ajouter quelques gouttes de mercure. L'argent se précipite et s'amalgame d'abord avec le mercure, qui occupe le fond du vase ; puis le dépôt continuant, on voit des cristaux d'argent se former, s'amonceler les uns sur les autres, et se grouper de manière à produire ces ramifications qui conservent le nom d'arbre de Diane, que leur ont donné les alchimistes.

V

Le chlorure d'argent est un corps blanc, insoluble dans l'eau, peu attaquable par les acides, et très-soluble dans l'ammoniaque ; cet alliage a la propriété de noircir par l'action de la lumière : on s'en sert pour la préparation d'un papier photographique propre à recevoir, comme les planches daguerriennes, les images formées dans la chambre noire. Les épreuves que l'on obtient par ce procédé ne sont jamais bien nettes, mais elles donnent le trait assez correctement. Pour les conserver, il faut fixer l'image en enlevant le chlorure non décomposé ; pour cela, on plonge la feuille de papier dans l'hyposulfite de soude : le chlorure d'argent se dissout, et l'oxyde noir reste seul.

Quand on fait évaporer une dissolution d'argent dans de l'acide nitrique, il en résulte du nitrate d'argent, sel très-caustique, qui cristallise en lames minces, transparentes et nacrées ; il est fusible à une température peu élevée, et se décompose quelques instants après la fusion, si l'on continue à chauffer ; l'eau et l'alcool le dissolvent, et, comme tous les azotates, il fulmine sur les charbons ardents, et détone par le choc.

Il a la propriété de corroder rapidement les substances organiques et de les noircir, en les recouvrant d'une pellicule d'argent réduit. C'est pour cela que l'on s'en sert quelquefois pour marquer le linge d'une manière ineffaçable. La dissolution qu'on emploie à cet usage doit être suffisamment étendue, sans quoi elle brûlerait le tissu ; on y ajoute de la gomme et on l'applique sur le linge : les caractères indélébiles ainsi formés ne tardent pas à noircir.

La *pierre infernale,* qui sert à cautériser, à brûler les chairs, n'est pas autre chose que de l'azotate d'argent, fondu et coulé en forme de petits cylindres, que l'on monte ensuite dans une espèce d'étui ou de porte-crayon de fer.

VI

L'argent et le cuivre peuvent s'allier en toute proportion, et les composés qu'ils forment sont presque aussi ductiles que l'argent, ont plus de dureté et se déforment moins facilement.

Voici la composition des alliages en France :

	Argent.	Cuivre.
Pour la monnaie d'argent................	0,900	0,100
Pour la monnaie de billon...............	0,200	0,800
Pour la vaisselle......................	0,950	0,050
Pour les bijoux.......................	0,800	0,200

L'alliage pour la soudure contient de 0,120 à 0,330 de cuivre.

Ces alliages n'ont pas absolument l'éclat de l'argent; il faut une opération particulière pour leur donner la couleur et l'apparence qu'exige le commerce.

On leur donne tout le brillant de l'argent pur en chauffant au rouge pendant quelques instants la pièce que l'on veut blanchir : on détermine ainsi l'oxydation du cuivre dans les premières couches, tandis que l'argent garde l'état métallique. Plongeant ensuite la pièce encore chaude dans une solution très-faible d'acide sulfurique ou azotique, on dissout l'oxyde de cuivre formé sans attaquer l'argent, qui reste ainsi à la surface de la pièce, pur de tout alliage.

LE PLATINE.

Sa nature. — Ses gisements. — Son extraction. — Ses propriétés.

Ce métal, connu seulement en Europe depuis 1748, par la relation du voyage de don Antonio Ulloa, a été nommé du mot espagnol *platana*, diminutif de *plata*, qui veut dire argent, parce qu'on croyait qu'il n'était qu'une modification de l'argent.

Le platine est un corps simple, d'un gris d'acier très-clair, presque aussi blanc que l'argent ; il est très-malléable, très-ductile et assez mou pour qu'on puisse le couper même avec des ciseaux. Il est inaltérable à l'air, à quelque température qu'on l'expose ; il résiste à l'action de tous les acides, même les plus concentrés, à l'exception de l'eau régale qui le dissout et le convertit en chlorure. Il est infusible au plus violent feu de forge ; c'est le moins dilatable des métaux et le plus pesant de tous les corps connus ; sa pesanteur spécifique est de 21,10.

Jusqu'ici il n'a été trouvé qu'à l'état natif ou allié avec un très-petit nombre de métaux, tels que le fer, le palladium, l'iridium. On le trouve en pépites ou grains irréguliers dans les sables qui renferment également l'or et le diamant.

C'est du Chaco, à la Nouvelle-Grenade, que provient la plus grande quantité de platine. Les mines de Sibérie, découvertes depuis 1823, sont aussi très-productives, et en fournissent annuellement plus de 2,000 kilogrammes. Charles Wood, métallurgiste anglais, fut le premier qui essaya de travailler ce nouveau métal que les Espagnols avaient découvert en Amérique; il publia ses premières expériences en 1749.

Voici les principales opérations qu'exige l'extraction de ce métal. Le minerai, d'abord calciné au rouge, est ensuite épuisé par de l'eau régale; on ajoute au liquide une solution de sel ammoniaque, et l'on recueille le précipité jaune qui se forme, qui est un sel double de chlorhydrate d'ammoniaque et de bichlorure de platine; après avoir lavé ce précipité, on le calcine au rouge dans un creuset; le platine reste alors sous la forme d'une masse grise et spongieuse, désignée vulgairement sous le nom d'*éponge de platine.* Cette éponge, broyée et mise en pâte avec de l'eau, est introduite dans des cylindres en fer creux, où on la comprime au moyen d'un piston; elle donne ainsi des lingots que l'on peut laminer et étirer en fils comme le fer.

La combustion de l'hydrogène carboné et de l'oxygène pur ou à peu près produit une chaleur des plus intenses. Elle fond aisément le platine, qui passait pour infusible il y a vingt ans. Elle a permis d'obtenir de beaux lingots de ce métal; on a pu en voir à l'exposition de Londres en 1862 et à celle de Paris en 1867.

Le platine fondu est plus blanc et plus beau que le platine spongieux, auquel on était réduit naguère et auquel on donnait du corps en le battant ou en le comprimant.

Ce métal vaut environ un franc le gramme, c'est-à-dire cinq fois plus que l'argent. En Russie, on en fait des monnaies; à cause de son peu de dilatabilité, on l'emploie, de préférence à tous les autres métaux, à la fabrication des étalons des poids et mesures, des pièces d'horlogerie délicates, des thermomètres métalliques, etc. Sa grande infusibilité le fait employer à la fabrication des creusets, des vases évaporatoires, des alambics, etc. Il remplace dans la fabrication de l'acide sulfurique les vases de verre qui servaient jadis à le concentrer. On l'emploie aussi pour fabriquer les paratonnerres, les lumières de fusil, les cuillers destinées à être plongées dans des mélanges acides.

Les dentistes le font servir à la confection des bases solides de râteliers; le chlorure de platine sert à recouvrir la porcelaine, à laquelle il donne un éclat qui tient le milieu entre celui de l'argent et celui de l'acier. Sous forme d'éponge, il fait partie des briquets à gaz hydrogène; allié avec le cuivre, il sert à construire des miroirs de télescope, qui conservent invariablement leur beau poli.

L'ALUMINIUM.

Son histoire. — Ses propriétés. — Ses usages.

I

Il y a quelques années, le public a accueilli avec une étrange surprise l'apparition d'un nouveau métal qui venait de sortir du creuset d'un chimiste, débarrassé des alliages qui l'avaient enveloppé jusqu'alors, métal bien au-dessus de nos métaux usuels pour l'usage et les propriétés, et que la nature nous offre avec la plus grande abondance, puisqu'on l'extrait de l'argile dont sont fabriqués les vases les plus grossiers.

Voici d'après les savants les plus autorisés, MM. Dumas et Sainte-Claire-Deville, l'histoire succincte de l'aluminium.

M. Wœhler découvrit l'aluminium en 1827, en employant un procédé d'une fécondité admirable et qui ne resta pas sans d'autres applications très-fructueuses. En 1845, il reprit son travail et publia sur ce métal des observations très-intéressantes. M. Wœhler n'obtint l'aluminium qu'en très-petites quantités à un état, qui ne lui permit pas de constater toutes les curieuses propriétés de ce métal.

. La découverte et l'examen de ces propriétés furent la part M. Henri Sainte-Claire-Deville.

Les conclusions de son mémoire présenté à l'Académie des sciences, dans la séance du 14 août 1854, signalent déjà la possibilité de rendre usuel le nouveau métal, et manufacturiers les procédés employés pour sa préparation.

De nouveaux travaux permirent à M. H. Sainte-Claire-Deville de faire figurer quelques lingots de ce métal à l'exposition universelle de 1855, et d'amener à l'état pratique et industriel la fabrication du sodium, agent indispensable de la préparation de l'aluminium, qui se vendait il y a vingt-cinq ans 7,000 francs le kilogramme, et dont le prix de revient s'est abaissé entre ses mains jusqu'à 10 francs.

Avec l'aide de MM. Paul Morin, Rousseau frères et spécialement de M. H. Debray, des tentatives variées sous toutes les formes ne tardèrent pas à résoudre le problème d'une manière inespérée. Nous croirions superflu d'indiquer ces procédés ici, mais on les trouvera avec détail dans notre ouvrage *la Science populaire*.

Voyons néanmoins les propriétés et les applications de ce nouveau et précieux métal.

II

L'aluminium est d'un très-beau blanc dans la cassure

Fig. 35. — Travail à la mine de cryolithe d'Évigtok (Groënland).

ou sur les surfaces mates, légèrement bleuâtre lorsqu'il est poli, mais ne présentant sous ce rapport qu'une différence peu sensible avec l'argent, surtout à la lumière d'une lampe; il est très-malléable et ductile, se lamine et s'étire en fils à froid avec une extrême facilité.

Il se travaille facilement à la lime et au burin; il est éminemment propre à la ciselure artistique et offre alors des tons très-appréciés par les connaisseurs; sa ténacité est comparable, à dimensions égales en section, à celle de l'argent; sa dureté est aussi comparable à celle de ce métal et peut être augmentée à un haut degré par des alliages.

Il conduit l'électricité huit fois mieux que le fer à diamètre égal des fils, il a une grande capacité calorifique, et par suite se refroidit moins facilement que les autres métaux placés dans les mêmes conditions.

Il fond à une température beaucoup plus élevée que le zinc, un peu plus basse que celle de l'argent, il se moule donc avec une extrême facilité. Il n'est pas sensiblement volatil.

La densité de l'aluminium obtenu par fusion est de 2,56; laminé à froid, il s'écrouit et prend une densité de 2,67, qui persiste après un recuit à 100 degrés.

Cette faible densité d'un métal plus léger que la porcelaine et le verre en fait une véritable curiosité, en même temps qu'il lui donne une utilité réelle pour beaucoup d'usages. C'est d'ailleurs une circonstance qui rend son emploi économique lorsqu'il est substitué à l'argent, puisque, sa résistance à volume égal étant sensiblement la même, il peut être employé avec les mêmes épaisseurs; de là il résulte que 4 kilogrammes d'argent, valant 800 à 900 francs, peuvent être remplacés par 1 kilogramme d'aluminium valant 300 francs.

L'aluminium possède une sonorité toute particulière, que l'on ne peut guère comparer qu'à celle du cristal, et dont l'intensité croît avec la pureté du métal.

III

Les propriétés chimiques de l'aluminium sont en général très-favorables à son usage dans les arts. Il est inaltérable par l'air, par l'eau et par la vapeur d'eau, même à une température rouge ; il est également inaltérable par l'hydrogène sulfuré. A ce point de vue, il convient donc au même degré que l'or, pour les objets exposés d'une manière permanente à l'air dont tous les éléments le respectent ; il conserve toujours le même éclat, tandis que l'argent se ternit avec une extrême facilité. L'acide nitrique, faible ou concentré, n'agit pas, à la température ordinaire, sur l'aluminium ; l'acide bouillant ne l'attaque pas d'une manière appréciable. L'acide chlorhydrique est, au contraire, pour l'aluminium un dissolvant très-énergique ; il l'attaque même à l'état gazeux sec et à une très-basse température.

Les alcalis caustiques, fondus et hydratés au premier degré seulement, sont sans action sur l'aluminium ; mais en présence de l'eau ils l'attaquent rapidement ; l'ammoniaque concentrée elle-même exerce une action dissolvante sensible à l'état caustique. Enfin le sel marin et l'acide acétique (vinaigre), surtout mélangés, attaquent l'aluminium, mais lentement; le jus des fruits acides est sans effet. L'aluminium peut être fondu dans le nitre sans que cet agent puissant d'oxydation l'attaque.

L'action du sel marin, du vinaigre et des matières alcalines peut, quant à présent, laisser dans certains esprits quelques doutes sur la possibilité d'appliquer l'aluminium aux usages culinaires; mais l'argent et l'étain sont eux-mêmes attaqués par une partie des mêmes réactifs, sans que l'on songe à se priver des avantages qu'offre leur usage; les quantités de réactifs en présence, pour produire une action un peu énergique, sont tellement faibles, que le résultat est insensible, soit pour l'usure des vases, soit pour le goût ou la salubrité des mets. Il est certain qu'il en sera de même pour l'aluminium pur, tel qu'il se fabrique maintenant. Dans tous les cas, ce métal aurait sur ceux qu'il serait appelé à suppléer l'avantage précieux de ne donner, comme résultat de son altération, que des *produits entièrement inoffensifs*. La production du métal pur est trop récente pour que ces questions et d'autres qui se rattachent à l'économie domestique aient encore pu être complétement résolues.

L'aluminum ne s'allie pas au mercure, qui n'exerce sur lui aucune action; il ne prend par la fusion que quelques traces de plomb; il donne avec le cuivre des alliages légers, très-durs et d'un beau blanc lorsque le cuivre est en petite proportion, et des bronzes d'un beau jaune d'or, malléables, d'une très-grande résistance et beaucoup moins altérables que le bronze ordinaire, lorsque la proportion d'aluminium varie de 5 à 10 pour 100;

ces alliages ont un grand avenir industriel. On forme également des alliages d'étain, de zinc, d'argent, de fer, de platine, etc., etc.

On peut faire un plaqué très-solide d'aluminium sur le cuivre, et appliquer l'or par l'action de la filière sur des fils d'aluminium. M. Maurey est parvenu à appliquer l'or et l'argent sur l'aluminium par la galvanoplastie. On est arrivé, dans plusieurs cas, à souder l'aluminium sur lui-même et sur des alliages, mais on est encore à la recherche d'une bonne soudure et d'une méthode facile.

IV

Le prix auquel il est nécessaire de vendre l'aluminium dans l'état actuel de sa métallurgie, et tant que la consommation, en se développant sur une grande échelle, n'aura pas réduit les frais généraux qui grèvent sa fabrication, est un obstacle à ce qu'il prenne dans les usages domestiques et industriels la place des métaux communs, tels que le cuivre, l'étain, le zinc, etc. Les applications doivent se borner, quant à présent, aux objets de luxe ou de prix, pour lesquels le brillant et l'inaltérabilité des surfaces ou la légèreté sont des avantages assez grands pour qu'on ne s'arrête pas à la valeur du métal; c'est surtout à l'argent qu'on peut chercher à le substituer.

On s'est demandé, dès l'origine, si l'aluminium seul ou allié avec divers métaux ne pourrait pas être employé comme monnaie; la légèreté et la propreté d'une monnaie semblable la rendraient extrêmement commode, et, au moins pour celle d'aluminium à faible dose d'alliage, le faux monnayage serait impossible, car aucun autre métal ne donnerait des pièces aussi légères. On y arrivera sans doute avec le temps, mais il y a encore dans les conditions de fabrication trop de chances de modifications importantes, trop de disparité dans les dispositions de fabrication d'un pays à l'autre, pour qu'on puisse s'y arrêter quant à présent.

Mais pour la confection des médailles commémoratives, des jetons de présence des conseils d'administration et des sociétés savantes, pour les jetons et fiches de jeux, etc., l'aluminium a déjà reçu des applications variées auxquelles le rendent éminemment propre sa malléabilité et son inaltérabilité à l'air, même sous l'influence du gaz d'éclairage et des émanations des fosses d'aisances, qui noircissent si rapidement l'argent, le cuivre et ses alliages.

La bijouterie s'est promptement emparée de l'aluminium : sa légèreté est précieuse pour les bracelets et les ornements de tête ; sa fusibilité pour le moulage, sa ductilité pour l'estampage, son aptitude au travail de la ciselure, son éclat inaltérable, ses reflets en surfaces mates ou travaillées, sa couleur même qui rehausse celle de l'or, en font une matière parfaitement propre à remplacer l'argent, toutes les fois que l'or n'est pas l'élément exclusif de l'ornementation.

La bijouterie fine continuera certainement à utiliser ce métal pour le travail de fonte et de ciselure, auquel il s'adapte admirablement, lors même qu'il arriverait, par l'amélioration de sa fabrication, à sortir de la classe des métaux précieux. La bijouterie commune ou fausse s'est également emparée de ce métal; mais c'est principalement à l'état de bronze que l'aluminium obtient de la faveur. Le bronze d'aluminium est un alliage qui a beaucoup d'éclat; on en fond des couverts qui ressemblent au vermeil; il est peu altérable, d'une grande ténacité et résiste beaucoup au frottement.

V

L'aluminium semble être venu au moment opportun pour fournir un nouvel élément de travail aux mille branches de l'industrie dite parisienne, qui est la base d'un commerce si considérable.

D'habiles fabricants de nécessaires n'ont pas tardé à reconnaître le parti qu'ils pouvaient tirer du nouveau métal; ils l'emploient sous toutes les formes : en incrustations pour la marqueterie, en doublage pour les compartiments, en couvercles pour les vases en verre, en vases et ustensiles de toutes natures; ils se proposent même de le substituer au cristal, pour donner aux nécessaires de voyage une légèreté tout à fait exceptionnelle. Rien ne s'oppose à l'incrustation sur les boîtes en bois; on arrive aux boîtes en aluminium massif, moulé, ciselé, guilloché, damasquiné, notamment pour les tabatières.

L'emploi de l'aluminium dans la fabrication des nécessaires conduit, par la marqueterie et la décoration extérieure des boîtes, à la fabrication des meubles de luxe, où l'aluminium, sous forme d'incrustations, de moulages ciselés, peut donner des effets nouveaux, et produire des combinaisons heureuses.

Ce métal léger, propre, facile à mouler, à ciseler, à estamper, se prête admirablement à la fabrication de ces mille riens que consomme en si grande quantité une population riche, et arrivée à un grand raffinement de civilisation. On pourrait établir une nomenclature sans fin des objets de fantaisie que l'on peut fabriquer avantageusement en aluminium, pour remplacer l'argent massif ou les compositions argentées : cachets, porte-plumes, garnitures d'encrier, de presse-papiers, porte cigares, porte-monnaie, tabatières, boutons de chemises, ustensiles de chasse, bouteilles de poche, têtes de canne et cravaches, dés à coudre, harnachement et sellerie, statuettes et médaillons, candélabres, flambeaux, bougies, éteignoirs, ornements et pendules, coupes et vases, montures de vase en porcelaine ou en cristal, etc.

Pour tous ces usages, aucune autre objection que le prix ne peut être faite à l'aluminium; il n'y a pas de réactifs à craindre ; l'agent le plus nuisible pour l'argent, l'hydrogène sulfuré, qui accompagne toujours le gaz d'éclairage ou les émanations des fosses, ne le ternit même pas.

La dorure augmentera dans une proportion considérable ce genre d'emploi de l'aluminium.

La coutellerie s'est emparée de ce métal dont elle fait des couteaux de dessert, des manches massifs ou incrustés, des ronds de serviette, etc.

?

VI

Si l'on passe maintenant de la série des objets de luxe à celle des instruments ou objets d'utilité courante, pour lesquels les propriétés de l'aluminium offrent des avantages qui doivent le faire préférer à l'argent et même aux alliages du cuivre, on trouve une série non moins importante de fabrications.

L'aluminium est adopté et appliqué déjà sur une grande échelle par les fabricants de lunettes, de bésicles et de lorgnons ; sa légèreté diminue le poids de ces objets ; il ne noircit pas la peau comme l'argent. Pour les lunettes marines ou terrestres, lorgnettes de spectacle ; pour les instruments géodésiques, comme les sextants, qui se tiennent à la main, et même pour les instruments de nivellement ou de planimétrie, que les opérateurs sont obligés de porter de station en station, la légèreté de l'aluminium offre de précieuses ressources que plusieurs artistes ont déjà mises à profit.

Les limbes, qui se noircissent lorsqu'ils sont en argent, ou qui se vert-de-grisent lorsqu'ils sont en laiton, les vis de rappel, et toutes les pièces que la main de l'opérateur touche, devront être confectionnées en aluminium ou en bronze d'aluminium. Le bronze au titre de 10 pour 100, qui possède, en fil fin, une résistance à la rupture de 89 à 90 kilogrammes par millimètre carré de section, remplacera les vis et les pivots en acier, les collets de frottement, etc.

Pour les instruments employés à la mer, l'aluminium, probablement moins altérable que le cuivre et l'argent par l'eau de mer, sera également d'un usage très-utile.

L'horlogerie pourra tirer un grand parti de l'aluminium ou de ce métal durci par les alliages, ou du bronze rendu à la fois dur et tenace par quelques centièmes d'aluminium, dans la fabrication des chronomètres de poche, des montres de précision, qui ont conservé un poids incommode; ne serait-ce que pour remplacer l'argent dans la confection des boîtes, cela présenterait une source d'applications utiles. La légèreté, l'inaltérabilité et l'innocuité de l'aluminium le feront employer pour les instruments de chirurgie, pour les sondes, spatules, etc. Quelques tentatives heureuses paraissent avoir été déjà faites dans cette direction.

Des essais ont été entrepris récemment pour l'emploi de l'aluminium dans la fabrication des instruments de musique; sa légèreté et sa sonorité pourraient le rendre utile à un double point de vue; mais il paraît que la salive de certains individus, probablement très-chargée de principes alcalins, corrode assez rapidement les becs ou embouchures d'instrument à vent; il y a là une série spéciale de recherches à faire.

Il en est de même pour l'usage des dentistes : l'aluminium, qui serait si utile pour les appareils dentaires par sa légèreté et son innocuité, pourra-t-il être employé d'une manière générale, ou seulement pour quelques catégories de personnes dont il faudra préalablement constater l'aptitude?

Des recherches devront être faites, en ce qui concerne

les propriétés sonores, sur la fabrication des cordes de piano, sur celle des timbres d'appartement, des sonneries de pendules, etc., avec l'aluminium et son bronze à divers titres.

On sait qu'un lingot d'aluminium suspendu à un fil et frappé avec un corps dur, produit un son doux et vibrant analogue à celui d'une cloche de cristal.

Un fondeur belge est parti de cette propriété sonore pour fondre une cloche en ce curieux métal; elle mesure 55 c. de diamètre et ne pèse pas 20 kil. Aussi le moindre effort suffit-il pour la mettre en branle. Malgré cela, le son qu'elle fournit possède une intensité considérable, et en même temps un timbre particulier, difficile à définir et rappelant l'harmonica.

Le poli, la légèreté et le bas prix, relativement à l'argent, rendent l'aluminium propre à la fabrication des réflecteurs; on peut avec facilité en obtenir du plaqué; il y a donc tout lieu de croire que dans les appareils d'éclairage à l'huile il remplacera l'argent; mais il permettra surtout de faire usage de réflecteur pour les becs de gaz, dans le voisinage desquels on ne peut mettre ni l'argent ni le laiton.

VII

De tous les arts qui adopteront le nouveau métal, il n'y en a probablement aucun qui puisse absorber de plus grandes quantités d'aluminium que l'orfévrerie : orfévrerie de luxe pour la fabrication des pièces d'ornement en aluminium naturel ou blanchi par des alliages, ciselé, plaqué d'argent, argenté ou doré; orfévrerie religieuse, pour les calices, patènes, burettes, ostensoirs, crosses d'évêques, etc.; orfévrerie commune, pour les objets usuels, tels que plats, cloches, coupes à déguster les vins, timbales d'enfant, ronds de serviette, poêlons à chauffer l'eau et le lait, cafetières, tasses, bouilloires et théières, supports de couteaux, cuillers, fourchettes et plats que les œufs ne noircissent pas comme le fait l'argent.

Les premiers essais, faits avec l'aluminium très-impur, n'ont pas donné les résultats les plus satisfaisants, surtout au point de vue de la couleur plombée des objets polis; mais depuis, avec du métal plus pur, la couleur s'est beaucoup améliorée.

Le prix de l'aluminium baissera de beaucoup, lorsque le temps et les circonstances lui permettront d'entrer en grand dans l'industrie.

HISTOIRE

DES PRINCIPAUX ORNEMENTS.

Notions générales. — L'anneau et le sceau. — La bague. — Le bracelet. — Le collier. — Boucles ou pendants d'oreilles. — La ceinture. — L'écharpe. — Le Diadème. — Ornements héraldiques.

I

En parcourant les annales du monde, on voit, par les écrits de Moïse et d'Homère, que l'art de travailler l'or et l'argent était établi en Asie et en Égypte dès les temps les plus reculés. Éliézer offrit à Rebecca des vases et des pendants d'oreilles d'or et d'argent. Moïse dit que Jacob engagea les personnes de sa suite à se défaire de leurs pendants d'oreilles. Juda donna en gage à Thamar son bracelet et son anneau; Pharaon, en élevant Joseph à la dignité de premier ministre, lui remit son anneau et le fit décorer d'un collier d'or ; on sait enfin que ce patriarche se servait d'une coupe d'argent.

Il est fait mention dans *l'Odyssée* de plusieurs présents que Ménélas avait reçus en Égypte, consistant en différents ouvrages d'orfévrerie exécutés avec adresse et intelligence. Le roi de Thèbes donna à Ménélas deux grandes cuves d'argent et deux beaux trépieds d'or. Alcandre, épouse de ce monarque, fait présent à Hélène d'une quenouille d'or et d'une magnifique corbeille d'argent, dont les bords étaient d'un or très-fin et bien travaillé. La grande quantité de bijoux dont les Hébreux étaient pourvus dans le désert peut être attribuée aux progrès que l'art de travailler les métaux avait faits en Égypte. Il est dit qu'ils offrirent pour la fabrique des ouvrages destinés au culte, leurs pendants d'oreilles, leurs bagues, leurs agrafes, sans compter les vases d'or et d'argent.

L'orfévrerie fut aussi bien cultivée dans l'Asie et dans la Grèce que dans l'Égypte. La plupart des ouvrages vantés par Homère venaient de l'Asie. Hérodote fait de grands éloges de la richesse et de la magnificence du trône sur lequel Midas rendait la justice, et dont ce prince fit présent au temple de Delphes.

Mais aucun fait dans l'histoire ancienne ne peut servir autant que le bouclier d'Achille à faire connaître l'état et le progrès des arts à cette époque. Sans parler de la richesse et de la variété qui régnent dans cet ouvrage, on doit remarquer d'abord l'alliage des différents métaux qu'Homère avait fait entrer dans la composition de ce bouclier : le cuivre, l'étain, l'or et l'argent y sont employés. Sa construction indique aussi que dès lors on connaissait l'art de la gravure, de la ciselure et celui de rendre par l'impression du feu sur les métaux, et par leur mélange, la couleur des différents objets.

II

Voici les principaux passages de cette curieuse et splendide description, qui donne mieux que tout ce que l'on pourrait dire l'idée du perfectionnement des arts à cette époque. Outre son enseignement technologique, elle retrace toute l'histoire des mœurs de ce temps-là :

« Il dit (Vulcain), et à l'instant il retourne à ses fourneaux, dirige les soufflets vers la forge, et leur ordonne d'activer la flamme. Tous à la fois agissent sur vingt creusets, et répandent une ardeur habilement mesurée, selon les travaux que médite Vulcain ; tantôt ils précipitent leurs exhalaisons, tantôt ils les ralentissent. Le dieu place sur le foyer l'airain indomptable l'argent et l'or précieux ; il affermit ensuite sur sa base une large enclume, prend d'une main un lourd marteau et de l'autre des tenailles.

« Il fabrique d'abord un bouclier vaste et solide, l'orne partout, et le borde d'un triple cercle d'une blancheur éblouissante, d'où sort le baudrier d'argent. Cinq lames forment le bouclier, et Vulcain fait sur la surface nombre de belles ciselures. Il représente la Terre, le Ciel, la Mer, le Soleil infatigable et la pleine Lune ; il représente tous les signes dont le ciel est couronné : les Pléiades, les Hyades, le fort Orion, l'Ourse que l'on nomme aussi le chariot, qui tourne au même lieu en regardant Orion, et seule n'a point de part aux bains de l'Océan.

« Vulcain représente encore deux belles villes, demeure

des hommes ; dans l'une on célèbre des noces et l'on fait de grands festins. A la lueur des flambeaux, on conduit les épousées par la ville, hors de la chambre nuptiale, et l'on invoque à grands cris l'hyménée ; de jeunes danseurs forment de gracieuses rondes ; au centre, la flûte et la lyre frappent l'air de leurs sons, et les femmes, attirées sous leurs portiques, admirent ce spectacle. Plus loin, à l'agora, une grande foule est rassemblée ; de violents débats s'élèvent. . . . .

. . . .

« Autour de l'autre ville sont rangées deux armées dont les armes étincellent. Les assiégeants agitent un double projet qui leur plaît également : ou de tout détruire, ou d'obtenir la moitié des richesses que renferme la noble cité. Mais les assiégés refusent de se rendre ; ils s'arment pour une embuscade ; ils laissent à la garde des remparts leurs épouses chéries, leurs tendres enfants et les hommes que la vieillesse accable ; puis ils franchissent les portes........ Les javelines d'airain se croisent et portent de terribles coups. On distingue dans la mêlée la Discorde, le Tumulte et la Destinée destructive, qui frappe l'un d'une cruelle blessure, épargne celui-ci, et tire par les pieds sur le champ de bataille cet autre que la mort vient de terrasser ; un vaste manteau enveloppe ses épaules et ruisselle de sang humain. L'art de Vulcain anime ces figures ; on les voit, des deux parts, emporter les morts.

« Vient ensuite une molle jachère, terrain fertile qui se façonne trois fois : plusieurs hommes le labourent, ils retournent le joug, et se dirigent tantôt dans un sens, tantôt dans un autre ; à leur retour, vers la limite du champ, un serviteur leur verse une coupe d'un vin délicieux ; puis ils recommencent de nouveaux sillons, impatients de revenir au terme du profond guéret. Prodige de l'art ! le champ d'or prend sous leurs pas une teinte noire, comme celle de la terre fraîchement remuée.

« Plus loin, le dieu représente un enclos couvert d'une abondante récolte. Les moissonneurs y travaillent la faucille à la main, et le long des sillons jettent à terre de nouvelles poignées d'épis que derrière eux des enfants ramassent, portent à bras, et tendent sans relâche à trois botteleurs, occupés à lier en gerbes celles qui sont déjà tombées. Au milieu de ses serviteurs, le roi de ce champ, debout sur les sillons, appuyé sur son sceptre, les regarde en silence et se réjouit en son cœur. A l'écart, les hérauts préparent sous un chêne un abondant repas. Ils ont sacrifié un énorme taureau, qu'ils apprêtent ; les femmes les secondent en saupoudrant les chairs de blanche farine.

« Vulcain représente encore une belle vigne, dont les rameaux d'or ploient sous le faix des raisins pourprés ; des pieux d'argent bien alignés la soutiennent ; un fossé d'émail et une haie d'étain l'entourent ; un seul sentier la traverse pour les porteurs au temps de la vendange ; des vierges et des jeunes gens aux fraîches pensées recueillent, dans des corbeilles tressées, le fruit délectable. Au milieu d'eux, un enfant tire de son luth de doux sons, et accompagne sa voix gracieuse du léger frémissement des cordes. Les vendangeurs frappent du pied la terre en cadence, et répètent en chœur ses chants.

« Plus loin il trace un troupeau de bœufs à la tête superbe, où se mêlent l'or et l'étain ; ils se ruent en mugis

sant hors de l'étable, et vont au pâturage sur les rives du
fleuve retentissant, bordé de frêles roseaux. Quatre pâtres
d'or conduisent les bœufs, et neuf chiens agiles les es-
cortent. Soudain deux lions horribles enlèvent à la tête
du troupeau un taureau, qui beugle avec force ; les chiens,
les jeunes gens s'élancent, mais les lions, déchirant leur
victime, hument son sang et ses viscères. Vainement les
pâtres les poursuivent en excitant leurs chiens ; ceux-ci
n'osent aborder les terribles bêtes, et se contentent de les
serrer de près en aboyant, mais en les évitant toujours.

« Le dieu représente encore, dans un riant vallon, un
vaste pré où paissent de grandes et blanches brebis ; près
de là sont les étables, les parcs et les chaumières des
bergers.

« Il trace ensuite un chœur semblable à ceux que jadis,
dans la vaste Gnosse, Dédale forma pour Ariane à la belle
chevelure. Des jeunes gens et des vierges attrayantes,
se tenant par la main, frappent du pied la terre. De
longs vêtements d'un lin fin et léger, des couronnes de
fleurs parent les jeunes filles. Les danseurs ont revêtu
des tuniques d'un tissu riche et brillant comme de l'huile ;
leurs épées d'or sont suspendues à des baudriers d'argent. Tantôt le cœur entier, aussi léger qu'expert, tourne
rapidement comme la roue du potier, lorsqu'il éprouve
si elle peut seconder l'adresse de ses mains. Tantôt ils se
séparent et forment de gracieuses lignes qui s'avancent
l'une au-devant de l'autre. Un poëte divin, en s'accompa-
gnant de la lyre, les anime par ses chants. Deux agiles
danseurs, dès qu'il commence, répondent à sa voix, et pi-
rouettent au milieu du chœur.

« Enfin, Vulcain, avec la même habileté, trace au bord de ce bouclier merveilleux le grand fleuve Océan. » (*Iliade*, chant XVIII, tr. Giguet.)

Quelle riche et suave description ! Elle fait voir en même temps que la perfection des arts n'était pas indigne de la perfection des lettres.

III

La description de l'armure d'Agamemnon donne des détails plus précis encore :

« D'abord il attache de riches cnémides que maintiennent autour de ses jambes des agrafes d'argent ; ensuite il couvre sa poitrine d'une belle cuirasse..... Elle a dix cannelures d'émail foncé, douze d'or et vingt d'étain. Trois dragons d'émail rayonnent jusqu'au col, semblables aux iris que Jupiter fixa dans la nuée, présage pour les humains. Autour de ses épaules, Atride jette son glaive brillant de clous d'or, renfermé dans un fourreau d'argent que soutient une ceinture d'or. Il se couvre tout entier d'un beau bouclier, facile à mouvoir, travail merveilleux : dix cercles d'airain en forment la bordure, puis il y a vingt bossettes d'étain blanches, et au centre une bossette d'émail noirâtre, couronnée de la Gorgone aux atroces regards qu'entourent l'Effroi et la Terreur. Un baudrier d'argent le soutient, sillonné par un serpent d'émail dont le col étale en cercle trois têtes. Sur son front, Agamemnon pose un casque bombé tout alentour, à quatre cônes et à flottante crinière ; l'aigrette qui le surmonte s'agite

en ondulations terribles. Enfin, il saisit deux forts javelots
dont la pointe d'airain resplendit jusqu'au ciel. Et pour
honorer le roi de la riche Mycènes, Junon et Minerve
au-dessus de sa tête font retentir la foudre. » (*Iliade*,
ch. XI.)

IV

Il n'est donc pas permis de douter qu'au temps de la
guerre de Troie, l'art de travailler les substances précieuses
ne fût parvenu à un haut degré de perfection chez les
peuples de l'Asie, contrée où Homère place le siége des
arts et des fameux artistes.

L'art de travailler l'or et l'argent est passé de l'Asie en
Europe. Entre autres artistes qui se sont distingués dans
l'orfévrerie à Rome, l'histoire nous a conservé le nom de
Praxitèle, qui vivait du temps de Pompée, et qu'il ne faut
pas confondre avec le sculpteur athénien.

Tout le monde a admiré les bijoux étrusques du Musée
Napoléon, exposés il y a quelques années au Palais de
l'Exposition. Les artistes surtout ont été frappés de la
beauté, de l'élégance, de l'originalité des formes, de la
délicatesse du travail, de la perfection de la soudure.

On sait que l'Étrurie était formée de la partie de la
presqu'île italique connue aujourd'hui sous le nom de
Toscane et de patrimoine de Saint-Pierre. A Vulci, petite
ville voisine des frontières de l'État pontifical, d'immenses
trésors artistiques ont été exhumés. En 1828, la voûte
d'une chambre sépulcrale, s'effondrant sous le pas pesant

d'un bœuf de labour, révéla cette nécropole qui paraît être du quatrième siècle avant notre ère, d'où l'on tira successivement plus de quinze mille vases peints, des bronzes, des sarcophages et des bijoux (fig. 36.)

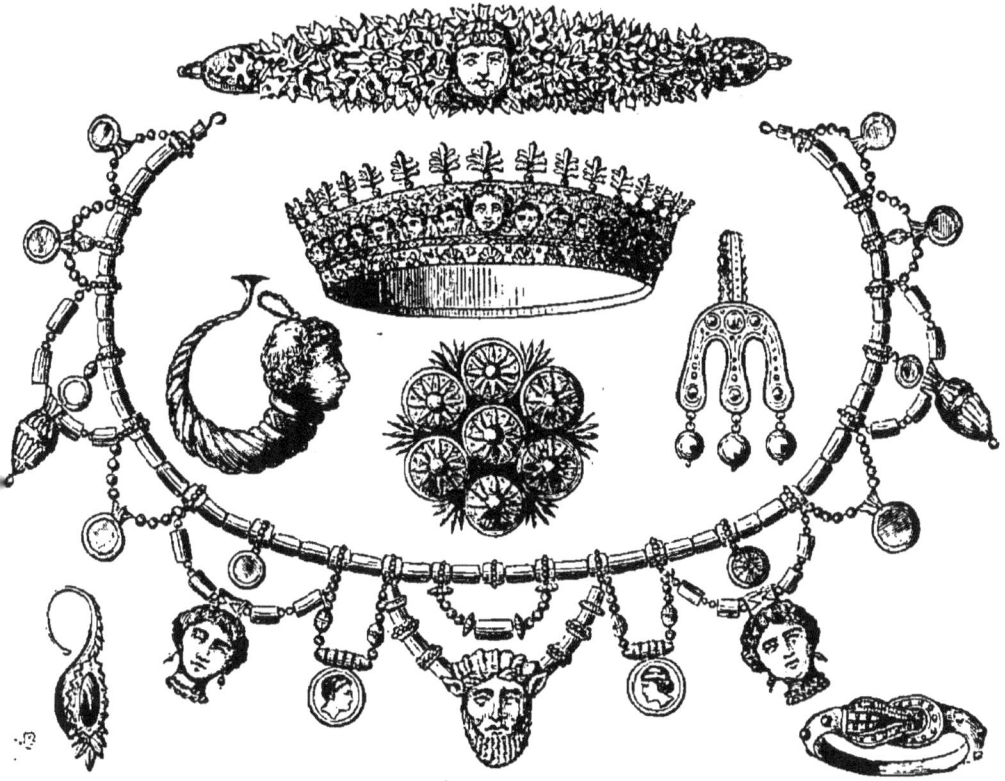

Fig. 36. — Bijoux étrusques.

Dans un mémoire adressé à l'Académie des Inscriptions sur la bijouterie antique, M. Castellani s'exprime ainsi : « Reproduits avec une uniformité fatigante, ces derniers (la plus grande partie des bijoux modernes) prennent une apparence de banalité qui ôte à l'art du joaillier ce caractère intime dont l'attrait est si grand dans la bijouterie antique. Nous fîmes venir de Sant'Angelo in Vado (petite ville de l'Ombrie) quelques ouvriers, auxquels nous enseignâmes l'art d'imiter les bijoux étrusques. Héritiers des procédés de patience qui leur avaient été légués par leurs pères, ces hommes réussirent mieux que tous ceux dont nous nous étions entourés jusqu'alors. Quand à la soudure, en la réduisant en limaille impalpable, en substituant au borax les arséniates comme fondants nous obtînmes des résultats satisfaisants. Toutefois, nous sommes convaincus que les anciens ont eu quelque procédé chimique, que nous ignorons, pour fixer ces méandres de petites granulations qui courent en cordonnets sur la plupart des bijoux étrusques : en effet, malgré tous nos efforts, nous ne sommes pas arrivés à la reproduction de certaines œuvres d'une exquise finesse auxquelles nous désespérons d'atteindre, à moins de nouvelles découvertes dans la science. » (*Science pour tous*, 7ᵉ année, nº 32.)

Dans le Bas-Empire l'orfévrerie produisait encore des ouvrages considérables en ce genre; Anastase rapporte que Constantin fit présent à la basilique de Latran de diverses pièces d'orfévrerie, de 17 marcs d'or et de 29,500 marcs d'argent.

Pendant le moyen âge on remarque spécialement des châsses, des vases et d'autres ustensiles d'église d'un travail délicat et d'un dessin original.

La découverte de l'Amérique, en augmentant prodigieusement la quantité des matières d'or et d'argent, devint un nouvel aliment pour les arts, et le goût du luxe, que les richesses firent naître, leur donna une nouvelle vie.

Il est à remarquer que la France a depuis longtemps

marché la première dans ce genre de fabrication. Dès le sixième siècle, sous Dagobert, saint Éloi s'était fait un nom par son habileté dans l'orfévrerie. Sous le règne de saint Louis les orfévres de Paris formaient déjà une corporation importante; avant 1789 ils étaient au nombre de trois cents. Nos artistes se sont toujours fait remarquer par l'invention des formes, la grâce, l'élégance et le fini de l'exécution.

L'ANNEAU ET LE SCEAU.

I

Dès la plus haute antiquité lès sceaux ou cachets ont été mis en usage pour assurer la foi des actes et les rendre plus authentiques. Les sceaux anciens étaient ordinairement gravés sur le chaton des anneaux que l'on portait; Diodore nous apprend que l'on coupait les deux mains à ceux qui avaient contrefait le sceau du prince.

L'usage des sceaux était établi en Égypte dès le temps de Joseph. Il est dit dans l'Écriture que Pharaon en confiant à Joseph une autorité sans bornes sur toute l'Égypte ôta l'anneau qu'il portait, et le remit à ce patriarche.

Cet anneau était le sceau royal, et Pharaon le remit entre les mains de Joseph comme une marque de l'absolu pouvoir qu'il lui donnait sur tout son royaume.

On a inventé mille fables sur l'anneau de Salomon, surtout chez les Arabes. Un jour, dit-on, que Salomon entrait dans le bain il quitta son anneau, que lui déroba une juive, qui le jeta à la mer. Privé de son anneau, et se regardant dès lors comme dépourvu des lumières qui lui étaient indispensables pour bien administrer, Salomon s'abstenait depuis quarante jours de monter sur son trône, lorsqu'enfin il le retrouva dans le ventre d'un poisson servi sur sa table. Le chaton de cet anneau mystérieux était une source de prodiges. Salomon y voyait toutes les choses qu'il désirait savoir.

Gygès, simple berger, ayant trouvé dans les flancs d'un cheval d'airain un anneau merveilleux qui rendait invisible celui qui le portait, s'en servit pour séduire la reine de Lydie et tuer le roi, dont il prit la place. On date cette fable de l'an 708 ou 718 avant Jésus-Christ.

Quoique Homère né fasse aucune mention de cet ornement, il est à croire qu'il était en usage chez les Grecs et chez les Troyens.

Les Romains avaient des anneaux qui ne servaient que d'ornement, et d'autres de cachets.

A la mort, on léguait l'anneau, comme on le voit par l'exemple d'Alexandre, à celui que l'on voulait désigner pour son héritier ou pour son successeur.

Dans l'origine l'anneau se portait ordinairement à la main gauche, et on le mettait au quatrième doigt, que l'on nommait pour cela *annularis*, d'où est venu le nom d'*annulaire*.

II

L'usage de cet ornement se propagea rapidement, et bientôt on en porta non-seulement à chaque main, à chaque doigt, mais aussi à chaque phalange, même aux pieds.

Les anneaux servaient aussi chez les Romains à distinguer les conditions : les esclaves portaient l'anneau de fer, le peuple l'anneau d'argent ou de bronze ; les sénateurs eurent un peu plus tard le droit de porter l'anneau d'or, qui avait été réservé aux ambassadeurs.

Les premiers habitants de l'Écosse et de l'Angleterre, les anciens Gaulois et les Français portaient aussi des anneaux. On en a trouvé dans plusieurs tombeaux, entre autres dans celui du roi Childéric ; son anneau d'or, qui se voit à la Bibliothèque impériale, sur lequel on lit cette inscription : *Childerici regis*, a été trouvé à Tournay, en 1653.

L'usage de l'anneau nuptial remonte jusqu'aux Hébreux ; il était en usage chez les Grecs et chez les Romains, qui ont légué cette coutume aux chrétiens.

On en a fait l'emblème du mariage ; sa forme de cercle, symbole de l'infini, exprime ce que doit être l'amour des époux.

L'anneau nuptial était d'abord de fer, avec le chaton d'aimant, pour signifier que, de même que l'aimant attire le fer, l'époux doit attirer sa bien-aimée des bras de ses parents dans les siens.

L'imagination poétique allait jusqu'à dire qu'on plaçait ce signe d'alliance au doigt auquel on a donné le nom d'annulaire, parce qu'il existait dans ce doigt une ligne mystérieuse qui allait directement au cœur.

III

Rien n'est plus curieux que l'usage que les Indiens, les Chinois, les Malabares, en un mot, que les travailleurs qui vont dans nos colonies, font des anneaux.

Beaucoup de ces travailleurs que j'ai vus à l'île de la Réunion en portent un grand nombre, non-seulement aux mains et aux pieds, mais aux bras, en forme de bracelet, à l'avant-bras, aux jambes, aux cuisses et même aux narines.

Lorsqu'ils ont quelques pièces d'argent, ils les font fondre et en fabriquent eux-mêmes ces ornements, qui constituent souvent toute leur fortune et qu'ils emportent ainsi en lingots arrondis lorsqu'ils quittent la colonie.

C'est peut-être le plus sûr moyen de conserver leurs épargnes ; comme un grand nombre ne sont pas habillés suffisamment pour avoir des poches, et par conséquent seraient embarrassés d'une bourse, ceux qui ne réduisent pas leurs économies en lingots portatifs sous forme d'anneaux, les cachent dans un trou qu'ils pratiquent soit dans un mur, soit dans un autre lieu, et, comme on le pense bien, il leur arrive assez souvent des accidents.

Un jour, j'avais donné un billet de 25 francs à mon domestique pour faire un achat ; lorsque je fus dans sa case, je le vis accroupi devant un trou pratiqué dans la terre et versant des larmes. Je lui dis : — Qu'est-ce que tu as? — Ah! j'ai bien du malheur, il ne faut pas me gronder ; vois! (Dans leur langage créole ils tutoient tout le monde). J'ai caché là le billet que tu m'as donné, et il n'y est plus, je pense que c'est mon voisin qui a vu ma cachette et qui me l'a pris. »

Un excellent travailleur de chez M. Ch. Desbassayns, à la Rivière-des-Pluies, avait fait depuis longtemps de fortes économies. Son trésor était tout en billets de 25 francs qu'il avait enterrés dans sa case; mais, par malheur, un coup de vent terrible, comme il en arrive toutes les années, accompagné d'une pluie torrentielle, détrempa tellement la terre, que tous les billets furent réduits en pâte et le pauvre malheureux ruiné.

Ainsi, beaucoup de ces travailleurs se font de anneaux probablement par prudence plutôt que par luxe.

IV

Tout le monde connaît l'histoire de l'anneau de Polycrate, tyran de Samos. Ce tyran avait tour à tour employé la ruse, la violence, la cruauté, les fêtes, les spectacles et la guerre pour retenir son peuple dans la plus vile des soumissions. Son règne néanmoins n'avait été qu'une suite d'années non interrompues de prospérités sans exemple.

Amasis, roi d'Égypte, son ami, lui écrivit un jour ces lignes : « Vos prospérités m'épouvantent ; je souhaite à ceux que j'aime un mélange de bien et de maux, car une divinité jalouse ne souffre pas qu'un mortel, quel qu'il soit, jouisse d'une prospérité inaltérable. Ménagez-vous donc des peines et des revers pour les opposer aux faveurs constantes de la fortune. »

Préoccupé de cette lettre et de ces conseils, Polycrate voulut contraindre la fortune à mêler quelques disgrâces à ses faveurs constantes, et jeta dans la mer la chose dont la perte pouvait lui être le plus sensible : c'était un anneau en or massif et qui enchâssait une sauvegarde, émeraude la plus rare et la plus estimée des pierres précieuses à cette époque, où l'on n'était pas encore parvenu à tailler le diamant. D'autres, cependant, disent que c'était une sardoine, espèce d'agate.

Hérodote raconte que, peu de jours après, ce prince, découpant un poisson que son domestique avait pris le matin, retrouva l'anneau dans l'intérieur de l'animal.

Polycrate mourut dans la troisième année de la 64e olympiade. Ce cachet fut plus tard apporté à Rome, où Pline dit l'avoir vu, examiné, touché. L'empereur Auguste avait fait enchâsser ce précieux bijou dans une corne d'or, et l'avait déposé dans le temple de la Concorde, au milieu de mille autres objets d'or d'une très-grande valeur. Ce cachet était grand comme une pièce de cinq francs, d'une forme un peu oblongue. Le sujet était une lyre, autour de laquelle bourdonnaient trois abeilles dans la partie supérieure; au bas était un dauphin à droite, et une tête de bœuf à gauche.

On pourrait peut-être assez facilement découvrir le sens de ces figures. On sait que la lyre est, en général, l'emblème de la poésie, les abeilles du travail, le bœuf de la production ; le dauphin est regardé comme l'ami de l'homme.

Il y a quelques années, on disait que cette merveille avait été retrouvée par un vigneron d'Albano dans une plantation de vigne; mais il est plus que probable que cette nouvelle était controuvée. Voici un fait récent qui a quelque analogie avec le précédent.

Le 7 octobre 1868, des pêcheurs, en jetant leurs filets dans le Volga, en aval de Starvi Makariéw, ont pris un esturgeon qui s'est trouvé être celui-là même dont S. A. I. le grand-duc héritier avait accepté l'offrande en 1866, de la municipalité de Nijni, et auquel, selon le désir de son altesse impériale, on avait rendu alors la liberté. Son identité a été constatée par un anneau oblong en argent attaché aux branchies de droite du poisson sur lequel est gravé la date du 27 août 1866. L'anneau du côté gauche n'a point été retrouvé.

Il est à supposer que l'esturgeon a été remis à l'eau avec une nouvelle marque pour indiquer l'époque à laquelle on l'a repêché. A ce propos, on signale qu'un cas pareil s'est déjà présenté dans le Volga, où un autre esturgeon vivant, offert en cadeau à feu le grand-duc Nicolas, a été également repêché et reconnu aux anneaux qu'il portait.

V

Tous les journaux rapportaient, il y a quelque temps, qu'un amateur ayant acheté différents objets d'art, dans un magasin de la rue Saint-Honoré, vint à examiner, une fois chez lui, une bague antique; ce faisant, il eut la maladresse de se faire à la main une légère égratignure avec l'un des côtés aigus de cette bague.

Peu de temps après, il sentit dans tout son corps une sensation qu'il ne put définir, et qui sembla paralyser toutes ses facultés; il devint bientôt si sérieusement malade, que l'on crut devoir envoyer chercher un médecin. Celui-ci reconnut de suite les symptômes d'un empoisonnement par des substances minérales. Il ordonna de violents antidotes, et en peu de temps le patient fut en quelque sorte guéri. Cette bague ayant été soumise à l'examen du médecin, qui se trouvait avoir longtemps habité Venise, il reconnut dans ce bijou une de ces bagues que l'on appelait en Italie *anneau de mort*, et dont on faisait grand usage à l'époque où les empoisonnements y étaient fréquents, c'est-à-dire au dix-septième siècle. A l'intérieur de cette bague se trouvaient fixées deux griffes de lion, du plus pur acier, et garnies de poches renfermant un poison violent. Dans une assemblée, au milieu d'un bal encombré de monde, le porteur de cet anneau fatal, s'il voulait satisfaire sa vengeance envers quelqu'un, lui serrait la main de façon à exercer sur les griffes du lion une pression assez forte pour lui faire une légère égratignure. Cela suffisait, on était sûr de trouver la victime morte le lendemain.

Quoiqu'il y eût bien longtemps que le poison fût renfermé dans la bague en question, il était cependant assez violent encore pour que la personne blessée par ce bijou en eût été gravement incommodée.

VI

On sait que c'est à l'aide d'un violent poison, composé par Cabanis, renfermé dans un anneau de ce genre, que Condorcet se donna la mort.

« Proscrit par la Révolution, dit M. Arago, Condorcet, ancien secrétaire de l'Académie des sciences, s'éloignait, plein de tristesse et d'appréhension, du numéro 21 de la rue Servandoni, de chez madame Vernet, qui lui avait offert la plus noble et la plus courageuse hospitalité, puisqu'elle s'exposait à la mort en sauvant les jours d'un proscrit.

« Personne ne saura jamais les angoisses, les souffrances qu'il endura pendant la journée du 6 avril. Le 7, un peu tard, nous le voyons, blessé à la jambe et poussé par la faim, entrer dans un cabaret de Clamart et demander une omelette. Malheureusement cet homme presque universel ne sait pas, même à peu près, combien un ouvrier mange d'œufs dans un de ces repas. A la demande du cabaretier, il répond : Une douzaine. Ce nombre inusité excite sa surprise; bientôt le soupçon se communique et grandit. Le nouveau venu est sommé d'exhiber ses papiers · il n'en a pas. Pressé de questions, il se dit charpentier : l'état de ses mains le dément. L'autorité municipale, avertie, le fait arrêter et le dirige sur Bourg-la-Reine. Dans la route, un brave vigneron rencontre le prisonnier; il voit sa jambe malade, sa marche pénible, il lui prête généreusement son cheval : dernière marque de sympathie que reçut le célèbre académicien.

« Le 8 avril, au matin, quand le geôlier de Bourg-la-Reine ouvrit la porte de son cachot, pour remettre aux gendarmes le prisonnier encore inconnu qu'on devait conduire à Paris, il ne trouva plus qu'un cadavre. Condorcet s'était dérobé à l'échafaud par une forte dose de poison concentré qu'il portait depuis quelque temps dans une bague. »

Dans ses *Mémoires*, l'abbé Morellet ajoute : « Le lendemain, on le trouva mort, il avait pris du stramonium combiné avec l'opium, qu'il avait toujours sur lui ; ce qui lui avait fait dire à Suard, en le quittant : « Si j'ai une nuit devant moi, je ne les crains pas ; mais je ne veux pas être mené à Paris. » Le poison dont il s'est servi paraît avoir agi doucement et sans causer de douleur ni de convulsion. Le chirurgien, appelé pour constater la mort, déclara, dans le procès-verbal, que cet homme, qui n'était pas connu sous son vrai nom, était mort d'apoplexie : le sang lui sortait encore par le nez... Suard en a de ce poison ; il me l'a montré : c'est une sorte de bol gros comme la moitié du petit doigt ; cela se brise en petits morceaux et se fond dans la bouche. »

Ce poison avait été préparé par Cabanis : « Celui avec lequel Napoléon voulut s'empoisonner à Fontainebleau, ajoute M. Arago, avait la même origine et datait de la même époque. »

VII

Le plus ancien grand sceau que l'on connaisse n'est autre chose qu'un morceau de plomb fixé par un cordon de soie à une charte d'Édouard le Confesseur ; puis la cire remplaça le plomb. Les sceaux attachés de nos jours aux chartes, patentes de pairie et autres documents devant avoir une durée illimitée, sont de cire verte. Ce fut Guil-

Fig. 37. — Sceau de l'Université de Paris (quatorzième siècle).

laume le Conquérant qui le premier en fit usage. Suivant Stow, ce même roi employa pour cacheter ses notes une méthode peu compliquée : il fixait simplement dans la cire l'empreinte de ses dents royales. La figure 37 représente le sceau de l'Université de Paris au quatorzième siècle, d'après une des matrices conservées au cabinet des médailles de la Bibliothèque impériale de Paris.

Le grand sceau actuel d'Angleterre est enfermé dans un coffret de 18 à 20 centimètres environ, couvert en cuir et orné des armes royales richement dorées. Il se compose de deux disques d'argent appliqués l'un contre l'autre; l'un d'eux représente l'effigie en creux de S. M. la Reine Victoria, assise sur le trône de la Grande-Bretagne, d'Écosse et d'Irlande, et entourée des vertus cardinales; l'autre une seconde image de Sa Majesté, montée sur un cheval richement caparaçonné et accompagné d'un page.

Le garde du sceau est en Angleterre un des dignitaires les plus importants de l'administration. Non-seulement la possession du sceau, indépendante de tout brevet, titre ou document quelconque, en constitue le gardien le second personnage du royaume, juge suprême de la cour de chancellerie, président de la chambre des lords, avec un traitement annuel de 14,000 livres sterling (350,000 francs), et un patronage ecclésiastique et civil; mais cette possession est encore la marque de confiance la plus haute que puisse conférer à l'un de ses sujets le souverain, qui met ainsi entre les mains de ce sujet presque tous les pouvoirs inhérents à la prérogative royale; car, au moyen de ce sceau, soit qu'il ait été apposé par l'autorité légitime ou non, tout document qui peut émaner du souverain devient valide et irrévocable, sans le consentement des trois États du royaume. Aussi est-ce avec raison que l'on dit du chancelier qu'il est « le gardien de la conscience royale ».

Deux espèces d'*instruments* doivent recevoir l'attache du grand sceau : les uns, tels que les commissions, les brevets d'invention, etc., désignés sous le nom de *lettres pa-*

tentes, portent le sceau fixé en bas, à l'aide d'un cordon de soie tressée; la cire employée est verte ou jaune; de plus, pour préserver le document de toute altération, on l'enferme dans un étui de peau couleur chamois, orné de l'image de la double empreinte du sceau. La manière dont on l'applique lorsque la lettre s'adresse à un simple individu, et pour empêcher qu'elle ne puisse être lue par tout le monde, est plus singulière. Le parchemin est disposé de façon à former un petit rouleau de quelques centimètres, il en sort une bande assez longue sur laquelle les noms et les titres de la personne à qui la lettre est adressée sont inscrits. Autour du paquet est fortement noué un bout de cordon, et l'on réunit les deux extrémités de ce cordon au moyen d'un morceau de cire large comme un shilling, que l'on presse entre le pouce et l'index; la pose du sceau se fait en touchant simplement le document avec l'un des disques.

Le sceau d'Angleterre étant d'une dimension assez grande, il en résulte que l'opération du scellement demande beaucoup de précautions et de temps : aussi le noble personnage à la garde duquel il est confié ne pose-t-il jamais lui-même le sceau; ce sont deux fonctionnaires expérimentés, appelés le *chauffe-cire* et le *cacheteur*, qui sont chargés de ce soin.

VIII

On appelle *anneau du pêcheur* le sceau particulier des papes. Ce sceau était déjà en usage au troisième siècle.

Imprimé sur cire rouge pour les brefs, sur plomb pour les bulles, il reste appendu à ces divers documents par du fil de chanvre quand il s'agit d'affaires de jurisprudence ou de mariage, et par du cordonnet de soie rouge et jaune en matière de grâces.

Ce sceau est appelé *anneau du pêcheur* parce que l'apôtre saint Pierre, que l'Église regarde comme ayant été le premier des papes, avait exercé la profession de pêcheur avant de devenir le disciple de Jésus-Christ. Sur l'un des côtés du sceau sont gravées les images des apôtres saint Pierre et saint Paul; sur l'autre est inscrit le nom du pape régnant.

Après la mort de chaque souverain pontife, ce sceau est brisé par le cardinal camerlingue en fonction, et la ville de Rome en offre un autre au nouveau pape aussitôt que le conclave l'a proclamé.

Dès les temps les plus reculés, l'anneau fut pour les ecclésiastiques, et particulièrement pour les prélats, un symbole de dignité, le gage de leur puissance spirituelle et de l'alliance qu'il contracte avec leur Église.

Quand le quatrième concile de Tolède ordonna, en 633, qu'on restituerait l'anneau au prélat réintégré après une injuste déposition, il ne fit que confirmer un cérémonial déjà ancien dans le sacre des évêques; on peut faire remonter au quatrième siècle cet usage de l'anneau.

Dans la formule de la bénédiction de l'anneau épiscopal, cet ornement est envisagé comme le *sceau de la foi* et le signe de la *protection céleste*. Cet anneau doit être d'or et enrichi d'une améthyste. Autrefois les évêques portaient cet anneau à l'index de la main droite; mais comme pour la célébration des saints mystères on était obligé de le mettre au quatrième doigt, l'usage s'établit de l'y porter constamment.

Le cachet de l'empereur de Chine, Yuen-Men-Yuen, qui a été trouvé dans le cabinet particulier du palais d'été, au moment de nos dernières campagnes militaires dans ce pays, présente une pièce bien remarquable. Il est formé d'un morceau de jade vert, il offre à sa partie supérieure le dragon impérial à cinq griffes dans un nuage. La partie inférieure contient, en caractères anciens profondément sculptés, une inscription dont voici la traduction, faite par M. Stanislas Julien :

« *J'écoute, je reçois les avis, je regarde et j'examine avec soin l'homme qui me les donne.* »

LA BAGUE.

L'histoire de la bague est à peu près celle de l'anneau, d'ailleurs ces deux expressions se prennent souvent l'une pour l'autre, nous n'ajouterons donc ici que quelques mots pour compléter ce que nous avons à en dire.

Les bagues ne sont que des anneaux sans cachet. On explique ainsi leur origine :

Depuis sa punition, Prométhée ayant empêché Jupiter, par ses avis, de faire la cour à Thétis, parce que l'enfant qu'il aurait eu d'elle devait le détrôner un jour, le dieu,

reconnaissant de ce service, consentit qu'Hercule allât le
délivrer.

Ayant cependant fait le serment de ne jamais souffrir
qu'on le déliât, pour conserver les apparences, il ordonna
que Prométhée porterait toujours au doigt une bague de
fer, à laquelle serait attaché un fragment de la roche du
Caucase.

Les Chaldéens, les Égyptiens et les Hébreux sont les
premiers peuples chez lesquels nous trouvons l'usage de
porter des bagues.

Plusieurs des bagues égyptiennes qui sont aujourd'hui
au Musée du Louvre remontent au roi Mœris.

Les Perses disent que Guiamschid, quatrième roi de la
première race, en introduisit l'usage parmi eux.

Le premier des Romains qui en porta fut Acaurus,
gendre de Sylla.

Les bagues se faisaient de fer, d'acier, d'or, de
bronze, etc., et on les portait au petit doigt de la main
gauche ou à l'annulaire.

On leur donnait différentes formes et on les ornait de
pierres précieuses.

LE BRACELET.

L'origine du bracelet se perd dans les temps les plus reculés, et son usage s'est perpétué jusqu'à nous.

Ce gracieux ornement reçoit les formes les plus variées.
Tantôt on y voit rayonner les gemmes les plus brillantes

enchâssées dans les substances les plus précieuses; tantôt ce sont des camées d'une haute valeur artistique ou de gracieuses peintures; d'autres fois il se compose d'une simple bande de velours, d'un ruban ou d'une tresse de cheveux.

Du temps des patriarches, les hommes mêmes portaient des bracelets comme les femmes, et cette mode subsiste encore aujourd'hui chez plusieurs peuples de l'Orient; les femmes turques et africaines en portaient même aux jambes.

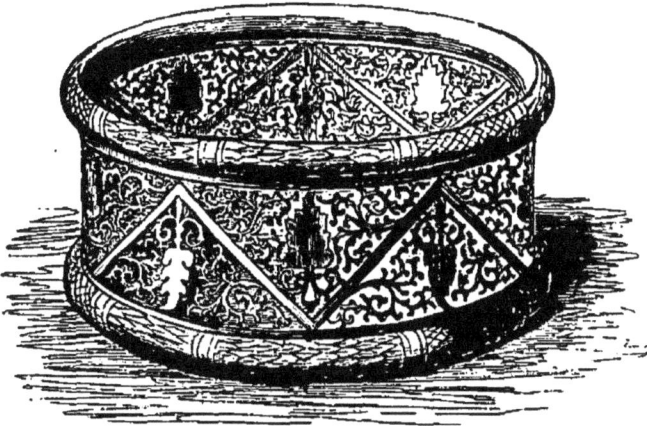

Fig. 38. — Bracelet gaulois. (Bibl. imp. de Paris, cabinet des antiques.

Chez les anciens le bracelet était souvent un gage de fiançailles; les filles n'en portaient pas qu'elles ne fussent accordées. Les Romains le nommait *armilla;* chez eux il était non-seulement un ornement, mais aussi la récompense de la valeur. Il y en avait d'or, d'argent et d'ivoire pour les personnes d'un rang distingué, de cuivre et de fer pour la populace et les esclaves; car il était tout à la fois un signe d'honneur et une marque d'esclavage.

Le bracelet ancien a eu différentes formes. Chez les

Grecs et les Romains les femmes en portaient qui avaient la figure d'un serpent ou la forme d'un cordon rond terminé par deux têtes de serpents. Ces bracelets ornaient la partie supérieure du bras. Le mot *armilla*, qui en latin veut dire bracelet, vient d'*armus*, nom de cette partie supérieure du bras; il se plaçait aussi sur le poignet, et on lui donnait alors le nom de cette partie de la main, on l'appelait *pericarpia*.

Les femmes portaient encore des bracelets faits en forme de tresse. Les Sabins, au rapport de Tite-Live, en avaient d'or, et de fort pesants, qu'ils portaient au bras gauche. On lit dans la vie de Maximin, écrite par Capitolinus, que cet empereur, dont la taille mesurait près de 2 mètres 70 cent., avait les doigts si gros, qu'il se servait du bracelet de sa femme en guise d'anneau.

Le bracelet a été la parure des deux sexes non-seulement dans plusieurs régions de l'Orient, mais chez diverses peuplades de l'Océanie, qui emploient à la fabrication des leurs l'écorce de certains arbres, les plumes, les coquilles, la verroterie, etc.

Ce n'est que sous Charles VII que les Françaises adoptèrent cet ornement, ainsi que les pendants d'oreilles et les colliers.

LE COLLIER.

Dès la plus haute antiquité on faisait usage de colliers. Les Mèdes et les Babyloniens en portaient d'or, d'argent et de pierreries. Les Égyptiens et les Hébreux, les Grecs et les Romains s'en ornaient également. Les dames le regardaient comme une de leurs principales parures; on en suspendait même au cou des déesses dans les temples.

Cet ornement se prête à la plus grande magnificence comme à la plus extrême simplicité : le collier que décrit Aristénète, dans sa première épître, était orné de pierres précieuses, dont les plus petites étaient arrangées de manière à former le nom de la belle Laïs, qui le portait.

On en distribuait même aux soldats pour prix de leur valeur. Chez les Romains ceux que l'on donnait aux cavaliers avaient différents noms : on appelait *phalera* celui qui descendait jusque sur la poitrine, et *thorynes* celui qui entourait seulement le cou : ils étaient d'or ou d'argent, suivant les circonstances et l'importance des services.

Manlius, surnommé *Torquatus*, n'avait pris ce surnom que parce qu'il avait enlevé un collier d'or au Gaulois qu'il avait vaincu dans un combat singulier. Un officier plébéien, appelé Licinius Dentatus, déclara, dans une assemblée du peuple, qu'il conservait dans sa maison plus de quatre-vingts colliers, et plus de soixante bracelets comme récompenses de sa valeur.

Les anciens peuples de la Grande-Bretagne portaient des colliers d'ivoire; ceux des esclaves avaient une inscription, afin qu'on les arrêtât s'ils venaient à prendre la fuite.

C'était une coutume autrefois de laisser les filles entre les mains de leurs nourrices jusqu'au temps de leur mariage. Quand elles commençaient à grandir, ces nourrices

leur mesuraient le tour du cou tous les matins, avec un fil,
leur faisant accroire qu'elles connaissaient par là si elles
avaient été sages. Pour achever de les convaincre que cette
épreuve était infaillible, on avait soin lorsqu'on mariait

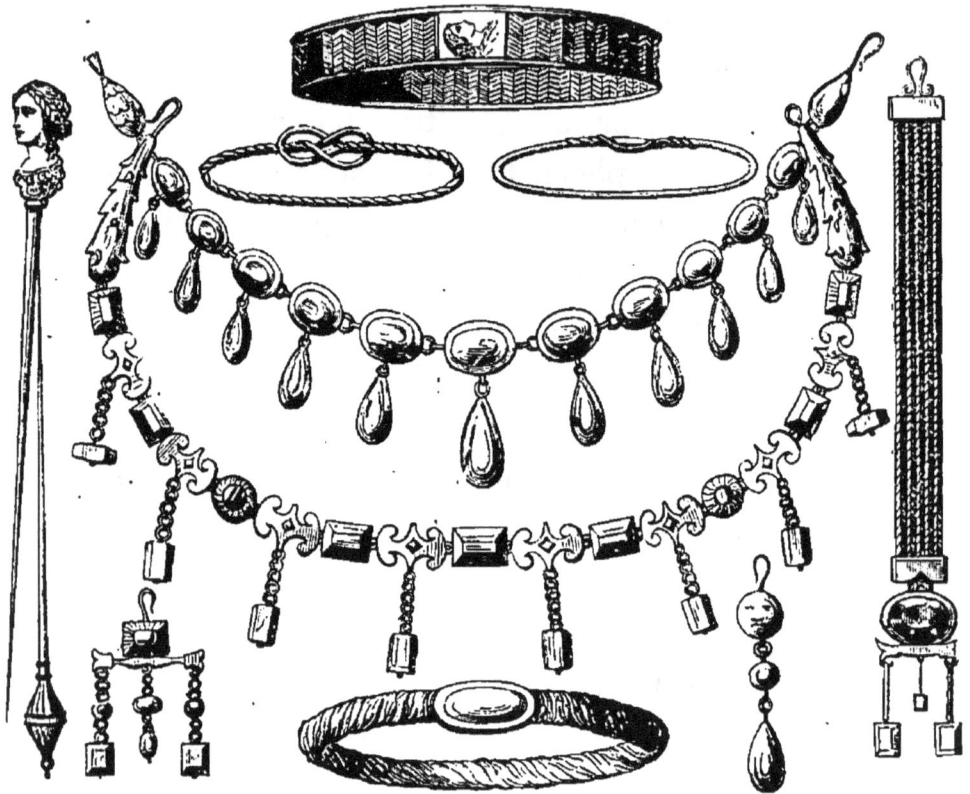

Fig. 39. — Bijoux des dames romaines dans l'antiquité.

une fille de diminuer la longueur du fil le lendemain de
ses noces, afin qu'il ne pût plus faire le tour du cou.

Ce stratagème réussit, et la crainte du fil en retint plusieurs dans le devoir. Catulle fait allusion à cet usage dans
son épithalame de Thétis et Pélée :

Non illam nutrix orienti luce revisens,
Hesterno collum poterit circumdare filo.

En la revoyant à l'aube du jour, la nourrice ne pourra plus ceindre son cou du fil de la veille.

Les musulmans ont un procédé à peu près analogue pour déterminer l'âge auquel un enfant doit être admis à pratiquer le jeûne du ramadan. L'*Akhbar* explique ainsi cet usage, qui remonte probablement au temps de Mahomet. L'iman, ou directeur de la prière, prend un fil, le double et mesure le tour du cou d'un jeune garçon; puis après avoir dédoublé le fil, il le lui remet et l'invite à en presser les deux extrémités entre les dents. Dans cette position, il faut que la tête entre dans le cercle formé par le fil qui marque deux fois le volume du cou. C'est ainsi qu'on reconnaît qu'un jeune homme a atteint son développement et peut sans inconvénient supporter les rigueurs d'un jeûne de trente jours.

Le *collier d'un ordre* est en général une chaîne d'or émaillé, souvent avec plusieurs chiffres, au bout de laquelle pend une croix ou quelque autre marque distinctive. Maximilien est le premier des empereurs qui ait mis un *collier d'ordre* autour de ses armes, lorsqu'il devint chef de l'ordre de la *Toison d'or*. En France, c'est Louis XI qui le premier entoura ses armoiries du collier de l'ordre qu'il avait institué. Les chevaliers de l'*Ordre du collier* de l'ancienne république de Venise, appelés aussi *chevaliers de Saint-Marc* ou *de la Médaille*, portaient autour du cou pour marque distinctive la chaîne que le doge leur donnait en leur conférant l'ordre, et à laquelle pendait une médaille à l'effigie du lion ailé de la république, symbole de son patron, l'évangéliste saint Marc.

Nous sortirions du cadre que nous nous sommes tracé

en parlant ici de l'*affaire du collier*, fameux procès qui mit en émoi la France entière sous le règne de Louis XVI et dont les débats retentirent dans toute l'Europe.

BOUCLES OU PENDANTS D'OREILLES.

Les *pendants d'oreilles* sont un des ornements les plus anciens; on les retrouve chez tous les peuples, sauvages ou civilisés. Les Égyptiens et les Hébreux portaient cet ornement.

Éliézer donna des boucles d'oreilles à Rebecca. On voit dans Homère qu'elles entraient alors dans la parure des femmes. Les Romaines en avaient de si lourdes que, suivant Sénèque, leurs oreilles en étaient plutôt chargées qu'ornées.

Il y avait des personnes dont l'occupation ordinaire consistait à donner leurs soins aux lobes des oreilles des élégantes de Rome, souvent blessées par le poids de l'or, des perles et des gemmes que l'on y suspendait.

Les hommes chez les Grecs s'ornaient quelquefois de boucles d'oreilles; les enfants n'en portaient que du côté droit.

Dans les plus anciens tombeaux des rois d'Égypte on trouve des agates, des calcédoines, des onyx, des cornalines, qui ont la forme de perles parfaitement rondes et d'un très-beau poli, qui servaient à faire des boucles d'oreilles.

Les Hébreux appelaient *nesim* ou *nisme* l'anneau dont ils ornaient leurs narines. Cet usage, que l'on retrouve chez plusieurs peuples sauvages, paraît avoir été pratiqué en Orient dès le temps d'Abraham ; il en est souvent question dans la Bible ; ces anneaux chez les Juifs servaient aux hommes aussi bien qu'aux femmes. Les peintures chinoises offrent un grand nombre de figures dont les narines sont ornées de perles et de pierres précieuses. Rien n'est plus bizarre que les coutumes que l'on retrouve chez les travailleurs de nos colonies : suivant leur origine, il y en a qui portent des boucles non-seulement aux oreilles et au nez, mais même aux lèvres.

LA CEINTURE.

Comme la plupart des ornements, la ceinture est de la plus haute antiquité. Les Grecs et les Romains avaient des ceintures ; les Juifs en portaient lorsqu'ils mangeaient l'agneau pascal, et leur grand prêtre s'en ornait dans les sacrifices.

L'usage des ceintures a été fort commun dans nos contrées ; mais les hommes ayant cessé de se vêtir de vêtements amples et flottants, et pris les justaucorps et le manteau court, l'usage des ceintures s'est restreint peu à peu aux magistrats, aux gens d'église et aux femmes.

Nos ancêtres attachaient à la ceinture une bourse, des clefs, etc. Cet ornement devenait ainsi un symbole de l'état ou de la condition, dont la privation indiquait que l'on ne la possédait plus.

C'est pour cela qu'autrefois, ainsi que chez les anciens, on attachait une marque d'infamie à la privation de la ceinture. Les banqueroutiers et autres débiteurs insolvables étaient obligés de la quitter.

D'autres symboles étaient attachés à la ceinture : l'histoire rapporte que la veuve de Philippe Ier, duc de Bourgogne, renonça au droit qu'elle avait à sa succession en quittant sa ceinture sur le tombeau du duc.

Chez nous la ceinture joue un grand rôle depuis la révolution de 1789. Elle fut portée comme insigne de leur dignité par les représentants du peuple, par les membres du Directoire et des conseils, et par les consuls. Aujourd'hui les membres des cours et tribunaux, les officiers généraux, les préfets, sous-préfets, les commissaires de police; les officiers de paix, etc., la portent dans les cérémonies publiques ou dans l'exercice de leurs fonctions. La ceinture des magistrats consiste en un large ruban noir aux deux bouts tombants, garnis d'un effilé; celle des fonctionnaires de l'ordre administratif est une large bande d'étoffe de soie aux couleurs nationales.

Les poëtes ont chanté *la ceinture de Vénus* ou ceste : les anciens attachaient à cette ceinture magique le pouvoir d'inspirer de l'amour et de charmer les cœurs, de rendre aimable la personne qui la portait, même aux yeux de celui qui avait cessé d'aimer. Elle renfermait les attraits, les sourires engageants, le doux parler, etc. Écoutons Homère :

> Cythérée, à ces mots, d'une main complaisante,
> Détachant sa ceinture à Junon la présente.

Dans les plis onduleux voltigent enfermés
Tous les puissants attraits, les désirs enflammés,
L'amour, ses doux refus, sa ravissante ivresse,
Et les discours pressants vainqueurs de la sagesse.

Le Tasse nous donne une brillante description de la ceinture d'Armide :

Mais l'art et la nature, unissant leurs prodiges,
De sa riche ceinture ont tiré les prestiges ;
Soumis aux lois d'Armide et servant ses projets,
Ils ont su rassembler d'invisibles objets,
Donner des traits à l'âme, un corps à la pensée.
On y voit la pudeur craintive et menacée,
D'un cœur novice encor les battements confus,
Les dépits simulés, les attrayants refus.
Les langueurs du plaisir, ses larmes, son sourire,
Le calme de l'amour et son fougueux délire.

(Trad. de Baour-Lormian.)

Chez les Grecs et chez les Romains c'était la coutume que le mari dénouât la ceinture de sa femme le premier soir de ses noces. Homère appelle cette ceinture *ceinture virginale*. Elle était de laine de brebis, nouée d'un nœud singulier qu'on appelait le *nœud d'Hercule*. Le dénoûment de cette ceinture était pour le mari un heureux présage, qui lui promettait autant d'enfants qu'Hercule en avait laissés en mourant.

Louis IX défendit aux femmes mal famées de porter, suivant l'usage d'alors, des ceintures dorées. Des peines corporelles, le fouet, l'exposition publique étaient prononcées contre celles qui étaient en contravention. Malgré ces rigueurs, presque aucune n'obéit à l'ordonnance ; c'est de là qu'est venu le proverbe : *Bonne renommée vaut mieux que ceinture dorée.*

L'ÉCHARPE.

Tout le monde sait que l'écharpe est une longue bande d'étoffe en laine, en soie ou en dentelle, brodée d'or ou d'argent. Les femmes s'en parèrent d'abord, puis son usage passa aux gens de guerre. Les chevaliers en portaient autrefois en ceinturon ou en bandoulière. Celle de chaque chevalier avait ordinairement la couleur préférée par la dame de ses pensées; cependant l'écharpe servait aussi, par sa forme et sa couleur, à distinguer les divers ordres de la chevalerie et les partis politiques.

A la mort d'Henri III, par exemple, le duc de Mayenne, sa cour et plusieurs autres personnes prirent l'écharpe verte en signe de réjouissance, et quittèrent la noire, qu'ils avaient portée jusque là.

Les Français portaient l'écharpe blanche; les Anglais et les Piémontais, la bleue; les Espagnols, la rouge; et les Hollandais, l'écharpe orange.

Les maréchaux, les officiers généraux, les commandants de place ont une écharpe en or ou en argent, que l'on appelle plutôt *ceinturon*. En France, l'écharpe tricolore sert aujourd'hui d'insigne aux magistrats municipaux, aux commissaires de po'ice, etc.

LE DIADÈME.

Diadème vient du mot grec *diadéô*, qui veut dire lier autour. Réduit à sa plus simple expression, c'est une bandelette ou un bandeau d'étoffe. Dans les premiers temps

Fig. 40. — Diadème de Charlemagne, conservé au Trésor impérial de Vienne.

les bandelettes dont on entourait la tête des dieux ou des princes étaient la marque de leur autorité; c'est l'origine des diadèmes et des couronnes.

Chrysès, dans *l'Iliade,* se présente au camp des Grecs,
tenant en main le sceptre d'or et la bandelette d'Apollon,
dont il était le prêtre. Cette bandelette est appelée *stemma*
par Homère, parce qu'elle était le symbole du dieu dont
elle marquait la puissance.

Dans les premiers temps le diadème était donc un bandeau royal, tissu de fil, de laine ou de soie, ordinairement blanc et tout simple, quelquefois chargé d'or, de
perles et de pierreries; il était la marque de la royauté,
parce que les rois s'en ceignaient le front pour laisser la
couronne aux dieux.

Pline prétend que Bacchus en fut le premier inventeur;
les buveurs s'en servirent d'abord pour se garantir des fu-
mées du vin en se serrant la tête, et depuis on en fit un
ornement royal.

Alexandre se para du diadème de Darius, et ses succes-
seurs suivirent son exemple. Au rapport de Jornandès,
Aurélien fut le premier empereur romain qui orna sa tête
d'un diadème; Constantin, ainsi que tous les empereurs
qui vinrent après lui, s'en décorèrent (fig. 40).

On remarque aussi cet attribut sur les médailles des
impératrices, et la bande qui termine par le bas toutes
les couronnes est une espèce de diadème.

ORNEMENTS HÉRALDIQUES.

La science héraldique donne des règles pour l'inter-
prétation des armoiries.

Héraldique vient de *héraut*, jadis *hérault*, de l'allemand *herald*, qui veut dire *noble crieur*. On appelle ainsi l'officier d'un prince ou d'un État souverain chargé de faire certaines publications solennelles, certains messages importants.

Les anciens connaissaient les hérauts; les Grecs les appelaient *kerukes*, et les latins *caduceatores*. Sous le nom de *féciaux* ils étaient chargés de signifier les déclarations de guerre. On en trouve de fréquentes mentions dans Homère.

Les *hérauts d'armes*, ou hérauts modernes, remontent au douzième siècle; ils portaient les déclarations de guerre et les défis, réglaient les formalités des tournois, assistaient à toutes les cérémonies de la cour. En France leur costume était une cotte sans manches, appelée *cotte d'armes*, en velours violet, rehaussée de fleurs de lis d'or.

Leur chef, dit *roi d'armes*, prenait le nom de Montjoie Saint-Denis.

Le dernier cartel signifié par un héraut eut lieu en 1634. En Angleterre, où cette institution a conservé tout son éclat, les hérauts d'armes sont sous les ordres du grand maréchal du royaume. L'un d'entre eux est appelé *garter*, ou jarretière; il est particulièrement affecté au service de l'ordre de chevalerie de ce nom.

On fait dériver le mot *blason* de l'allemand *blasen*, sonner du cor, parce que c'est en sonnant du cor que ceux qui se présentaient aux lices des anciens tournois annonçaient leur venue.

Les hérauts décrivaient ensuite à haute voix les armoiries de chacun des concurrents, ce que l'on appelait *blasonner* : c'est de cet office des hérauts qu'est venu le nom *d'art héraldique*, sous lequel on désigne souvent le blason.

Le blason ne paraît pas remonter au delà des croisades ; cependant, bien avant cette époque il y eut des signes particuliers, des emblèmes, des ornements pris par les peuples guerriers ou par les héros, pour servir de signe de ralliement dans les combats ; mais il ne faut pas confondre ces signes isolés, variables, avec les signes convenus, invariables, et surtout héréditaires, qui constituent le blason proprement dit.

Au temps des croisades, dans les armées composées de vingt peuples divers, la nécessité de se faire reconnaître de ses soldats obligea chaque chef de se revêtir des insignes qui rappelaient ses exploits ; ils les transmit ensuite à des descendants, comme un titre d'honneur. Il paraît que c'est sous saint Louis que cette transmission reçut un caractère spécial.

Les Français sont les premiers qui aient réduit le blason en art ; ce sont eux aussi qui ont les armes les plus régulières. Les Allemands ne s'en occupèrent que bien postérieurement, et les Anglais blasonnent encore aujourd'hui en français.

Pour donner des détails intéressants et succincts sur les ornements héraldiques, nous n'avons qu'à prendre pour guide principal l'excellent ouvrage intitulé : *Résumé des principes généraux de la science héraldique*, dû à la plume claire et élégante de M. le baron Oscar de Watteville.

C'est un ouvrage peu étendu, mais rédigé avec soin, et qui contient la matière de gros volumes : on y trouve parfaitement exposés les principes de cette langue emblématique parlée dans l'Europe entière, et qui jette une lumière si vive sur toute la période historique depuis saint Louis jusqu'à la révolution française.

On distingue ordinairement dix sortes d'armoiries :

1° Les armoiries *de souveraineté* : ce sont celles que portent les rois ou les empereurs; elles sont considérées comme les armes de la nation.

2° Les armoiries *de domaine* : prises par un seigneur pour indiquer ses fiefs.

3° Les armoiries *de prétention* : elles sont la marque des droits qu'un souverain prétend sur des pays où son autorité n'est pas reconnue. C'est ainsi que l'on voit pendant plusieurs siècles les souverains d'Angleterre écarteler les armes de France; les rois de Sardaigne, celles de Chypre et de Jérusalem.

4° *De concession* : le souverain les accorde en récompense de quelques services.

5° *De communauté* : ce sont celles des archevêques, villes, corporations, etc.

6° *De patronage* : ce sont les armes que l'on ajoute à celles de sa famille, pour prix de la protection que l'on accorde à une province, à une ville, etc.

7° *De famille* : celles qui distinguent la race.

8° *D'alliance* : celles que l'on écartèle avec celles de la famille, par suite de mariage.

9° *De succession* : celles qui sont échues en héritage.

10° *De choix :* prises par des familles opulentes, sans droit légitime de les porter.

Les armoiries se composent de quatre parties distinctes :

. 1° Les émaux ;

2° L'écusson ou l'écu ;

3° Les charges ;

4° Les ornements.

Les émaux. — On appelle ainsi, dans la langue du blason, les couleurs dont on revêt les charges de l'écu lui-même.

Les émaux comprennent :

1° Deux *métaux*, qui sont l'or, ou jaune ; l'argent, ou blanc ;

2° Cinq *couleurs*, qui sont : le rouge, qui, en termes de blason, se nomme *gueule;* le bleu ou *azur ;* le vert ou *sinople;* le noir ou *sable,* et le violet ou *pourpre;*

3° Deux *fourrures* ou *pannes : l'hermine,* qui est d'argent avec des mouchetures de sable ; et le *vair,* qui est composé de petites pièces d'une forme particulière, dont les unes sont d'argent et les autres d'azur.

Une règle fondamentale des blasons est de ne *jamais mettre couleur sur couleur,* ni *métal sur métal;* autrement les armes seraient fausses ou mal blasonnées. Cependant plusieurs familles très-anciennes, desquelles l'usage de porter armes et enseignes militaires est plus ancien que les préceptes des hérauts, ont mieux aimé retenir leurs anciens blasons pour la révérence de l'antiquité, que de se soumettre à des lois et à des coutumes nouvelles.

Depuis le dix-septième siècle on emploie dans la gra-

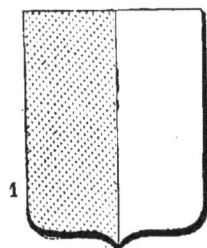

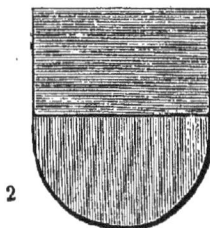

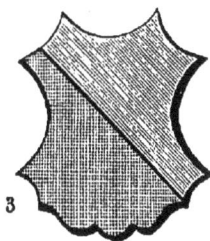

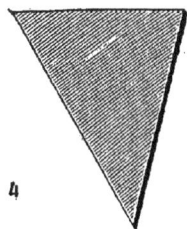

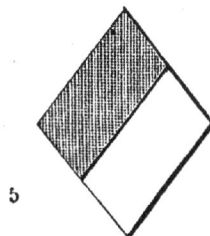

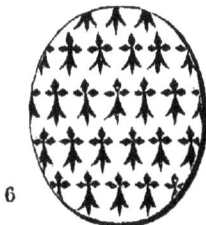

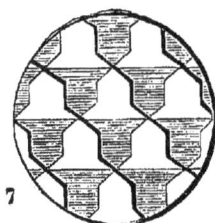

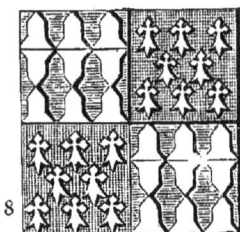

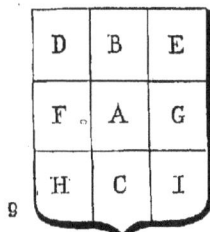

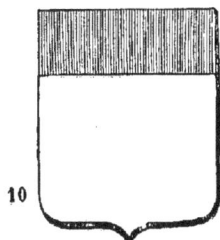

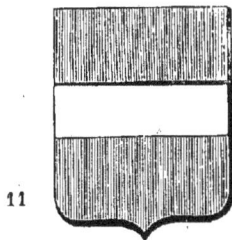

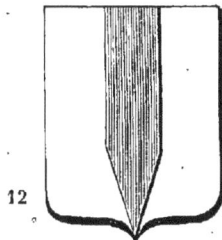

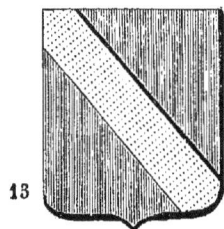

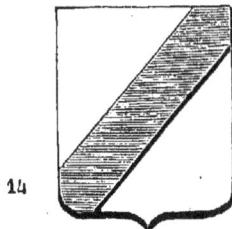

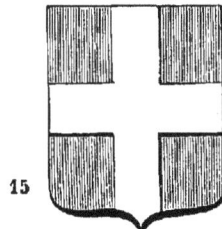

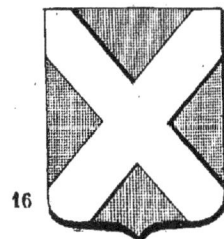

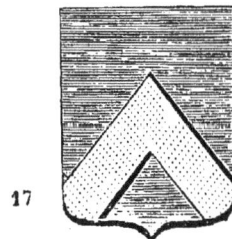

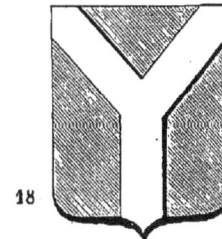

Fig. 41. — Éléments de Blason (pages 275 à 277).

18

vure un système de signes conventionnels fort simple et fort ingénieux, et qui est maintenant universellement adopté pour représenter les divers émaux.

Dans ce système, on représente l'*or* par un pointillé ; l'*argent* par l'absence de hachures ; l'*azur* par des hachures horizontales ; le *gueule* par des hachures verticales ; le *sinople* par des hachures diagonales de droite à gauche de l'écu ; le *pourpre* par des hachures diagonales de gauche à droite ; et le *sable* par des horizontales et des perpendiculaires croisées (fig. 1, 2, 3 et 4.)

Les *fourrures* : l'hermine qui est d'argent avec des mouchetures de sable (fig. 6) ; le *vair* qui est composé de petites pièces de forme particulière, dont les unes sont d'argent et les autres d'azur (fig. 7), puis le *contre-hermine* et le *contre-vair* (fig. 8.)

De l'écu. — Écu vient du latin *scutum*, il s'appelle également *fond* ou *champ*; c'est sur l'écu que l'on pose les pièces honorables, les partitions et les répartitions, les pièces et les meubles d'armoirie.

Autrefois on a donné ce nom à un bouclier oblong ou quadrangulaire, large du haut, quelquefois échancré dans cette partie, et se terminant par une pointe, qui était à l'usage des chevaliers et des hommes d'armes : ils le portaient au cou ou à l'arçon de la selle, et au moment du combat ils le suspendaient au bras gauche.

L'écu était fait ordinairement en bois couvert de cuir et garni d'un bord en métal, quelquefois seulement en cuir bouilli. Les aspirants à la chevalerie le portaient nu jusqu'à ce qu'ils eussent gagné, par quelques hauts faits, le droit d'y faire peindre des emblèmes propres à les rappeler. Celui des chevaliers était orné de figures .héraldiques, et souvent d'emblèmes et .de devises amoureuses.

Dans le blason, les formes de l'écu .ont varié suivant les époques et suivant les .pays. La forme la plus .usitée en France est une sorte de quadrilatère ayant sept parties de .largeur sur huit de hauteur. Les angles du bas sont arrondis .d'un quart de cercle dont le rayon a une demi-partie. Deux quarts de cercle de même proportion, au milieu de la ligne horizontale d'en bas, se joignent en dehors de cette ligne et.forment.la pointe (fig. 1).

Les Italiens se servent de l'écu ovale (fig. 6), et principalement les ecclésiastiques, qui l'environnent d'un cartouche, usage adopté également en France. L'écu royal anglais est rond (fig. 7).

Tous les écus, de quelque forme qu'ils soient, sont *pleins* ou *divisés*.

Les écus pleins sont ceux dont le champ est d'un seul et même émail; les écus divisés sont ceux où l'on voit plusieurs traits ou lignes formant des *partitions* différentes; ils peuvent avoir plusieurs émaux.

On compte quatre partitions principales, dont toutes les autres dérivent. Ces quatre partitions sont :

1° Le *parti*, qui partage l'écu perpendiculairement du chef à la pointe (fig. 1) ;

2° Le *coupé*, qui .le partage horizontalement (fig. 2) ;

3° Le *tranché*, qui le partage diagonalement de droite à gauche (fig. 3) ;

4° Le *taillé,* qui le partage diagonalement de gauche à droite (fig. 5).

En combinant les partitions entre elles, on forme les *répartitions*.

Les différentes parties de l'écu ont chacune un nom qu'il est essentiel de connaître pour pouvoir distinguer facilement la place qu'occupent les figures qui composent les armoiries. Prenons pour exemple la fig. 9 : le point A est le *centre de l'écu*, B est le *point du chef*, D le *canton dextre*, E le *canton sénestre*, F le *flanc dextre*, G le *flanc sénestre*, C la *pointe*, H le *canton dextre de la pointe*, I le *canton sénestre de la pointe*.

Des images. — Dans le blason on distingue des figures ou pièces ordinaires de trois sortes :

1° Les figures héraldiques ou propres;

2° Les figures naturelles;

3° Les figures artificielles.

Les *figures héraldiques*, dites pièces honorables, sont au nombre de neuf principales, savoir : le *chef* (fig. 10), placé au sommet de l'écu; la *fasce* (fig. 11), qui occupe le milieu de l'écu; le *pal* (fig. 12), qui traverse perpendiculairement l'écu par le milieu; la *croix* (fig. 15), qui se compose de la fasce et du pal réunis; la *bande* (fig. 13), qui traverse diagonalement l'écu de droite à gauche; la *barre* (fig. 14), qui traverse diagonalement l'écu de gauche à droite; le *chevron* (fig. 17), une des pièces les plus usitées, est formé par la réunion vers le chef de la barre et de la bande; le *sautoir* (fig. 16), formé de la bande et de la barre, a la forme de la croix de Saint-André; le *pairle* (fig. 18), pièce formée d'un pal et d'un chevron renversé se rencontrant au centre de l'écu.

Les figures naturelles usitées dans le blason sont les

figures humaines, celles des animaux, des plantes, des astres, des météores et des éléments.

Les figures humaines sont ou d'un des émaux ou de couleur naturelle; on les dit alors *de carnation*. A moins d'exception que l'on doit indiquer, les têtes de Mores, de nègres, sont toujours de sable et de profil.

Une règle générale applicable à tous les animaux représentés sur les armoiries, c'est qu'ils doivent toujours regarder la droite de l'écu; s'ils regardent la gauche, on doit le spécifier en disant qu'ils sont *contournés*.

Le lion et le léopard ont le privilége d'être héraldi - ques, c'est-à-dire que leur forme et leur posture sont soumises à des règles fixes. Le lion est toujours figuré de profil; sa position ordinaire est d'être levé sur ses pattes de derrière : il est dit alors *rampant*; lorsqu'il marche et regarde de face, il est dit *léopardé; lampassé* et *armé*, lorsque sa langue et ses griffes sont d'un autre émail que son corps; *morné*, quand il n'a ni dents ni langue; *dif- famé*, quand il n'a pas de queue; *naissant*, quand il ne paraît qu'à moitié sur le champ de l'écu; *issant,* lorsqu'il paraît sur un chef, une fasce ou mouvant de la pointe.

Le léopard, au contraire, est toujours *passant*, c'est-à- dire marchant, regardant de face; s'il est *rampant*, on l'exprime en disant un léopard *lionné*.

Quant aux autres quadrupèdes, ils sont également *rampants, passants, issants, naissants*.

L'aigle, au pluriel *aiglettes*, est l'oiseau le plus usité dans les armes : lorsqu'il a deux têtes et les ailes éten- dues, il est dit *éployé;* lorsqu'il a les ailes à demi ouver- tes, sur le point de prendre son vol, il est dit *au vol abaissé.* Les alérions sont des aiglettes qui n'ont ni bec ni jambes. Les merlettes sont des oiseaux sans bec ni pattes, et toujours placés de profil. Quelquefois, au lieu de mettre un animal tout entier, on ne met que sa tête ou ses pattes.

Pour les poissons, il faut indiquer s'ils sont *vifs* ou *pâmés.* Le poisson vif est celui qui a l'œil et les dents d'un émail différent.

Les arbres sont, en général, de sinople. Si l'on voit les racines, l'arbre est dit arraché; un tronc d'arbre coupé sans feuilles s'appelle *chicot.*

Dessiné avec une figure humaine et des rayons, le soleil est toujours d'or; sans traits humains et de couleur, on l'appelle *ombre de soleil.* Les étoiles ont ordinairement cinq rayons; on doit spécifier lorsqu'elles en ont davantage. Le croissant, qui symbolise tantôt la lune, tantôt les succès des chrétiens sur les musulmans, est ordinairement *montant,* c'est-à-dire les pointes tournées vers le chef; si elles sont tournées vers la pointe ou vers l'un des flancs, il est dit *versé, tourné,* ou *contourné.*

Les figures artificielles qui entrent dans les armoiries sont des instruments des cérémonies sacrées ou profanes, des vêtements, des armes de guerre, etc.

Les charges ou figures naturelles et artificielles que l'on appelle également *meubles,* peuvent se combiner soit entre elles, soit avec les charges héraldiques.

Des brisures. — On appelle brisure un changement que l'on fait subir aux armoiries pour distinguer les diverses branches d'une même famille.

On peut briser les armes de différentes façons, soit,

comme cela se pratiquait à l'origine, en conservant les émaux et en changeant les pièces, soit en conservant les pièces et en changeant les émaux.

« L'aîné d'une maison noble, dit Baron dans son *Art héraldique*, a droit de porter les armes de sa famille pures et sans distinction ; les cadets les doivent briser de quelques pièces. Cette loi ne s'observe régulièrement, en France, que dans la famille royale. »

Dans l'*Origine des armoiries*, le P. Ménétrier cite les vers suivants :

Car les mainez (cadets), ne se souciant mie
Porter les armes de leurs antécesseurs,
Seuls s'amusoient conserver les couleurs,
Et tout le reste forgeoient à fantaisie,
Jusques à ce que ce saint personnage
Louys neuvième octroya à son fils,
Avec brisures, l'écu de fleurs de lys :
Ce qui depuis lors est demeuré en usage.

Les brisures ne sont jamais un avantage dans le blason ; « car en fait d'armoiries, dit Baron, c'est un fait très-certain que ce qui porte le moins est le plus. En France, les armes les plus pures et qui ont le moins de brisures, sont les plus estimées et les plus belles. Les armes de nos rois, auxquelles ils n'ont voulu rien ajouter, quelques conquêtes et actions qu'ils aient faites, en sont une assez bonne preuve. »

Si les armes brisées sont des armes auxquelles on a ajouté quelques pièces, les armes *diffamées*, par contre, sont celles auxquelles on en a retranché. C'est ainsi que Jean d'Avenne, pour avoir injurié sa mère en présence de saint Louis, fut condamné à porter le lion de ses armes *morné,* c'est-à-dire sans ongles et sans langue.

On donne le nom d'*armes parlantes* aux armes dont les figures ont quelques rapports avec le nom du gentilhomme qui les porte.

Des ornements. — De tous les ornements, la couronne peut être considérée comme le plus important.

On croit que le mot de *couronne* vient de *corné,* soit parce que les couronnes anciennes étaient en pointes et que les cornes étaient des marques de puissance, de dignité, d'autorité, d'empire ; soit aussi parce que les mots *cornu* et *cornua* sont souvent pris dans la sainte Écriture pour la dignité royale. Corne et couronne, en hébreu, sont aussi souvent exprimés par le même mot.

La plupart des auteurs conviennent que la couronne était, dans son origine, un ornement du sacerdoce plutôt que de la royauté ; les souverains la prirent ensuite parce qu'alors les deux dignités du sacerdoce et de l'empire étaient réunies.

Les premières couronnes furent consacrées aux divinités ; elles étaient composées des plantes qui faisaient partie de leurs attributs : celle de Jupiter était de chêne et quelquefois de laurier ; celle de Junon de feuilles de cognassier ; celle de Bacchus de pampre et de raisin, de branches de lierre chargées de fleurs et de fruits ; celle d'Apollon de roseau ou de laurier ; celle de Vénus de roses et de myrte ; celle de Minerve, d'olivier ; celle de Flore, de fleurs diverses ; celles de Cérès, d'épis ; celle de Pluton, de cyprès ; celle de Pan, de pin ; celle d'Hercule, de peuplier, etc.

Les prêtres et les sacrificateurs portaient pendant les

sacrifices des couronnes d'or, de branches d'olivier ou de laurier.

Les magistrats, dans les jours de cérémonie, portaient des couronnes d'olivier ou de myrte ; les ambassadeurs, de verveine ou d'olivier.

Dans les festins on composait les couronnes de fleurs, d'herbe et de branches de rosier ; d'if, de lierre et de quintefeuille. Les conviés portaient trois couronnes : l'une qu'ils plaçaient d'abord sur le haut de la tête, l'autre dont ils se ceignaient le front, et la troisième qu'ils se mettaient autour du cou.

Les Romains avaient des *couronnes militaires* pour récompenser la valeur : on les appelait, selon la nature de l'exploit à récompenser, *vallaires*, *murales*, *navales* ou *rostrales*, etc., et *couronne civique* (fig. 42) que l'on décernait à celui qui avait sauvé la vie à un citoyen. Ces dernières étaient de chêne.

Les empereurs Romains portèrent, à l'imitation de Jules César, la couronne triomphale, qui était de laurier. Après leur apothéose, on leur donnait la couronne *radiée*, ou composée de rayons. La couronne impériale de Charlemagne était fermée en haut comme un bonnet et semblable à celle des empereurs d'Orient.

Au moyen âge, les empereurs d'Allemagne recevaient trois couronnes : celle de Germanie, qui était d'argent et qui se prenait à Aix-la-Chapelle ; celle de Lombardie, dite *couronne de fer,* qui consistait en une bande d'or en forme de diadème antique, et qui était garnie intérieurement d'une bande de fer, provenant, croyait-on, d'un clou de la Passion. Napoléon reprit la couronne de fer lorsqu'il se

fit couronner roi d'Italie, en 1805; il institua à cette occasion l'ordre de la Couronne de fer. La couronne impériale
qu'ils recevaient à Rome était surmontée d'une mitre qui
ressemblait un peu à celle des évêques.

Les rois de France de la première race portèrent qua-

Fig. 42. — Couronnes romaines.

tre sortes de couronnes : la première était un diadème de
perles fait en forme de bandeau, avec des bandelettes qui
pendaient derrière la tête ; la deuxième était la même
que celle que portaient les empereurs ; la troisième avait
la forme d'un *mortier;* la quatrième, enfin, était en forme
de chapeau pyramidal, finissant par une pointe surmontée d'une grosse perle.

Les rois de la deuxième race avaient la tête ceinte d'un double rang de perles ou d'une couronne de laurier.

Ceux de la troisième ne portèrent qu'une seule espèce de couronne, composée d'un cercle d'or enrichi de pierreries et rehaussée de fleurs de lis. C'est depuis François Ier que la couronne fermée paraît avoir été définitivement adoptée : elle se compose d'un cercle à huit fleurs de lis et de huit cintres qui le ferment et portent au sommet une autre fleur de lis d'or.

Les couronnes des autres rois de l'Europe sont analogues à celles des rois de France.

La couronne d'Angleterre est rehaussée de quatre croix, de la façon de celle de Malte, entre lesquelles il y a quatre fleurs de lis ; elle est couverte de quatre diadèmes, qui aboutissent à un petit globe surmonté d'une croix.

Celles des rois de Portugal, de Danemark et de Suède ont des fleurons sur le cercle, et sont fermées de cintres avec un globe croisé sur le haut.

La couronne des ducs de Savoie, comme rois de Chypre, avait des fleurons sur le cercle, était fermée de cintres, et surmontée de la croix de saint Maurice sur le bouton d'en haut.

Celle d'Espagne est rehaussée de grands trèfles refendus, que l'on appelle souvent *hauts fleurons*, et couverte de diadèmes aboutissant à un globe surmonté d'une croix.

Celle du grand-duc de Toscane était ouverte, à pointes mêlées de grands trèfles avec des fleurs de lis au milieu.

La *couronne papale* est composée d'une tiare et d'une triple couronne qui l'environne ; elle a deux pendants comme la mitre des évêques. Le pape Hormisdas ajouta

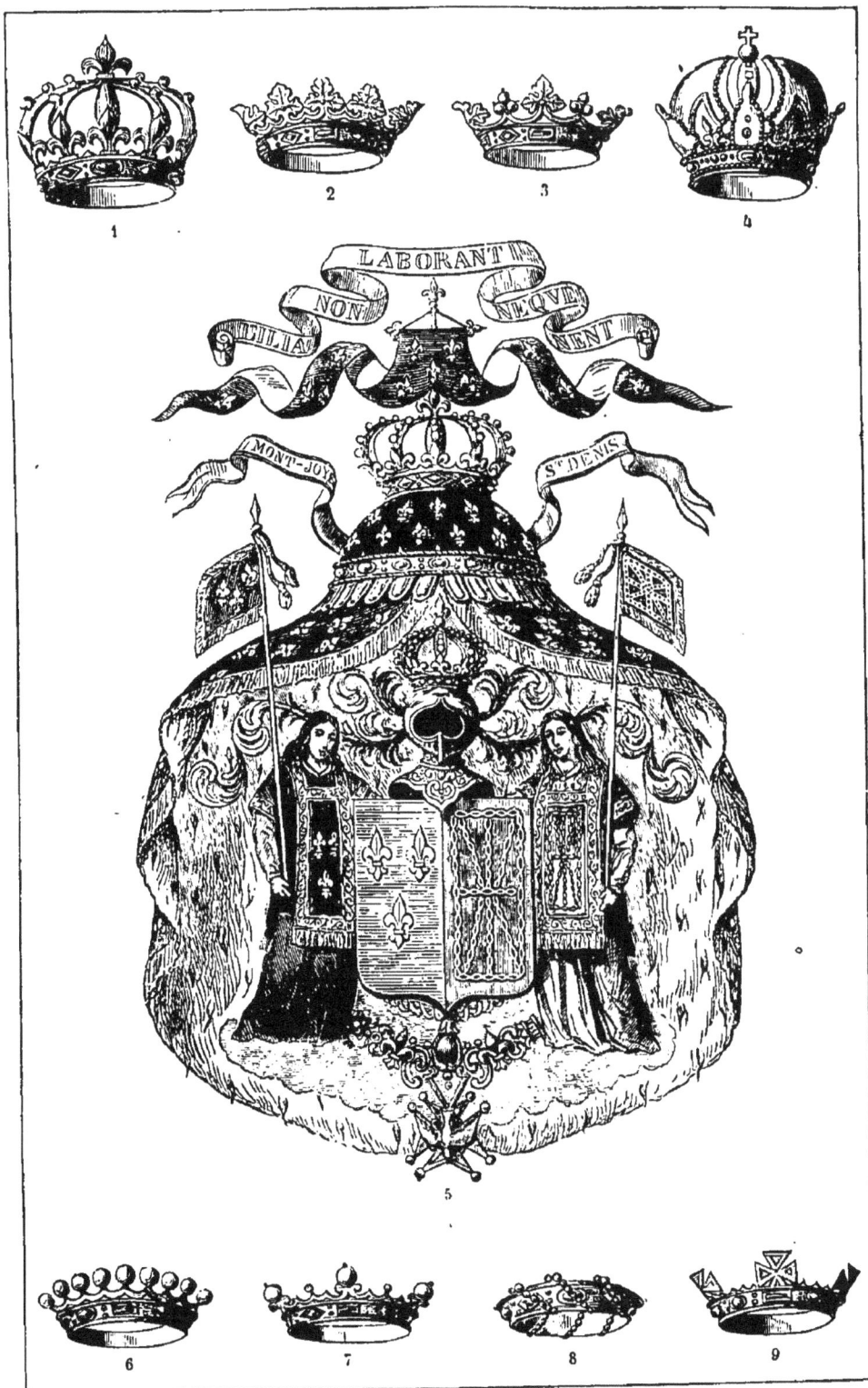

Fig. 43.

1. Couronne royale. — 2. Couronne ducale. — 3. Couronne de marquis. — 4. Couronne impériale. —
5. Ecu de France. — 6. Couronne de comte. — 7. Couronne de vicomte. — 8. Couronne de
baron. — 9. Couronne de Vidame.

la première couronne à la tiare ; Boniface VIII la seconde, et Jean XXII la troisième.

La *couronne impériale* est un bonnet ou tiare, avec un demi-cercle d'or qui porte la figure du monde, cintrée et sommée d'une croix.

La noblesse porte sur ses armoiries des couronnes que l'on appelle *couronnes de casque* ou *couronnes d'écusson*. Elles ont différentes formes suivant les différents degrés de noblesse ou d'illustration. On en distingue six sortes principales (fig. 43) :

1° La *couronne ducale* : cercle à huit grands fleurons ou feuilles d'ache ;

2° La *couronne de marquis* : composée de quatre fleurons entre chacun desquels se trouvent trois perles en trèfle ;

3° La *couronne de comte* : cercle à dix-huit grosses perles ;

4° Celle de *vicomte* : cercle à quatre grosses perles ;

5° Celle de *baron* ou *tortil* : cercle sur lequel se trouvent enroulés en six espaces égaux des rangs de perles en bandes ;

6° Celle de *vidame* : cercle surmonté de quatre croix pattées, c'est à-dire dont les extrémités s'élargissent en forme de patte étendue.

Souvent, au lieu de couronne, on met sur les armes un *casque* ou *heaume*. Pour les souverains il est placé de face, la visière ouverte ; pour les ducs et les princes, la visière est ouverte à demi ; elle est fermée pour les marquis ; les comtes et les barons le placent de trois quarts, et les gentilshommes de profil.

Sous Napoléon. 1er les couronnes furent remplacées, dans les armes de la noblesse de sa création, par une toque surmontée d'un nombre distinctif de plumes.

Toutes ces couronnes varient et pour la forme des fleurons, et pour le nombre des perles, suivant les différentes nations; et même, à l'exception des couronnes des ducs et pairs, elles sont ordinairement au choix de ceux qui les mettent sur le timbre de leurs armes.

Le cimier se place au-dessus de la couronne du casque. C'est tantôt un animal issant, un astre, un panache, un bras armé d'une épée. Les ecclésiastiques, ne pouvant porter ni casque ni cimier, surmontent leur écu d'un chapeau ou d'une mitre, qui diffèrent suivant leur rang.

Les ornements que l'on vient de décrire se nomment *timbre;* on appelle *lambrequins* les ornements que l'on place à droite et à gauche de la couronne, qui représentent une pièce d'étoffe découpée en plusieurs lambeaux et jetée autour de l'écu.

A l'origine les lambrequins étaient destinés à développer le casque et à défendre la tête du chevalier des ardeurs du soleil; ils sont de la couleur des émaux, souvent même ils sont armoriés. Lorsqu'ils affectent la forme d'une cape, on les appelle *capeline;* de là le proverbe : *Un homme de capeline,* pour dire un homme déterminé.

Vers la fin du quatorzième siècle, on commence à rencontrer des écus soutenus par des *supports* ou *tenants*. On appelle ainsi des figures peintes à côté de l'écu, et qui semblent le tenir ou le supporter.

Il n'y a pas de règles fixes pour les supports : ce sont

tantôt des arbres ou des troncs d'arbre auxquels les écus sont attachés, tantôt des animaux, des Mores, des sauvages, des sirènes, etc. Le plus souvent les supports rappelaient des faits d'armes accomplis dans les tournois. Dans ces fêtes les chevaliers étaient obligés, pour courir le pas d'armes, de faire attacher leur écu à des arbres ou à des poteaux en des lieux désignés pour cela, afin que ceux qui se présentaient pour le combat pussent aller toucher ces écus, qui d'ordinaire étaient gardés par des nains ou par des géants, des sauvages, des monstres, etc. C'est ainsi que depuis le tournoi de Chambéry, en 1346, où le duc Amédée VI de Savoie fit garder son écu par deux lions (probablement deux hommes déguisés en lions), la maison de Savoie prit deux de ces animaux comme supports.

Derrière l'écu se placent en sautoir les insignes des dignités : des bâtons pour les maréchaux de France, des ancres pour les amiraux, etc.

La devise et le cri. — La devise est une courte maxime, emblème du caractère, de la famille ou de la condition ; quelquefois c'est un proverbe ou une morale : elle est le plus souvent inscrite sur un cordon placé au-dessus de l'écusson.

La devise se place d'ordinaire au bas de l'écusson, vers la pointe. Le cri ou cri d'armes se place au contraire vers le cimier.

Le cri servait à mener des troupes de guerre, à les rallier en cas de défaite, à défier les ennemis, soit dans les combats singuliers, soit dans les mêlées, soit enfin dans les tournois. Quelques-uns avaient pour cri leur propre nom, d'autres le nom de la maison dont ils portaient la bannière.

Le symbolisme du blason consiste dans l'expression des choses morales par les divers éléments qui le composent.

Le chien, par exemple, est le symbole de la fidélité; la colombe, de la simplicité; le renard, de la ruse; le caméléon, de la versatilité; le lion, de la valeur; le pélican, de l'amour paternel; le laurier, de la victoire; la girouette, la roue ou la boule, de l'inconstance.

Dans la figure 43 on peut voir les différentes places des ornements. Cette figure représente l'écu de France, assorti de tous ses ornements, qu'on blasonne de cette sorte : d'azur à trois fleurs de lis d'or, deux en chef, une en pointe, l'écu timbré d'un casque d'or ouvert, placé de front, assorti des lambrequins des émaux de son blason, et surmonté de la couronne royale de France environné des colliers des ordres du Saint-Esprit et de Saint-Michel, tenus par deux anges vêtus en lévites, ayant en main chacun une bannière, et leur dalmatique chargée du même blason, le tout placé sous un grand pavillon semé de France et doublé d'hermine, son comble rayonné d'or et sommé de la couronne royale française garnie d'une fleur de lis à quatre angles, qui est le cimier de la France. Le cri de guerre est *Montjoye, Saint-Denis!* L'oriflamme du royaume est attachée au pavillon, et est surmontée de la devise : *Lilia non laborant neque nent.*

La connaissance de l'art héraldique permet de déchiffrer une langue spéciale qui se présente à chaque instant lorsque l'on étudie le moyen âge, soit sur de nombreux monuments, sur les meubles antiques, soit dans les manuscrits, les chartes publiques, etc., etc. C'est une espèce de langue universelle, dont il est facile d'avoir la clef, et qui devient indispensable pour les études historiques approfondies.

FIN.

TABLE DES FIGURES.

FIN DE LA TABLE DES FIGURES.

TABLE DES MATIÈRES.

LES PIERRES PRÉCIEUSES

AUTRES QUE LE DIAMANT.

LA NACRE ET LA PERLE.

LE CORAIL.

Sa nature. — Moyen de le recueillir. — Animaux qui le produi-

www.ingramcontent.com/pod-product-compliance
Lightning Source LLC
Chambersburg PA
CBHW070233200326
41518CB00010B/1539